SHOUDU KEPU NENGLI PINGJIA YU SHIZHENG YANJIU

首都科普能力评价与实证研究

◎邱　琳　孙素芬　于　峰　编著

中国农业科学技术出版社

图书在版编目（CIP）数据

首都科普能力评价与实证研究 / 邱琳，孙素芬，于峰编著 . --北京：中国农业科学技术出版社，2021.9

ISBN 978-7-5116-5451-9

Ⅰ.①首…　Ⅱ.①邱…②孙…③于…　Ⅲ.①科普工作-评价-研究-北京　Ⅳ.①G322.71

中国版本图书馆 CIP 数据核字（2021）第 159287 号

责任编辑　周　朋
责任校对　马广洋
责任印制　姜义伟　王思文

出 版 者　中国农业科学技术出版社
　　　　　北京市中关村南大街 12 号　邮编：100081
电　　话　（010）82106643（编辑室）　（010）82109702（发行部）
　　　　　（010）82109709（读者服务部）
传　　真　（010）82106631
网　　址　http://www.castp.cn
经 销 者　各地新华书店
印 刷 者　北京建宏印刷有限公司
开　　本　170 mm×240 mm　1/16
印　　张　9.75
字　　数　191 千字
版　　次　2021 年 9 月第 1 版　2021 年 9 月第 1 次印刷
定　　价　48.00 元

前　言

首都北京作为全国科技创新中心的功能定位，早在2014年2月习近平总书记在北京视察工作时就已明确提出。党的十九大报告再次强调，必须加强国家创新体系建设，强化战略科技力量。2019年全国两会后，首都北京带头贯彻习近平总书记的指示精神，朝着2050年建成更加具有全球影响力的大国首都的目标，提出加快全国科技创新中心的建设步伐。建设具有全球影响力的全国科技创新中心，不仅是党中央赋予首都北京的重大战略任务，更是首都北京发挥自身优势服务国家发展的重大历史机遇，同实现“两个一百年”奋斗目标、实现中华民族伟大复兴的中国梦紧密相连。

科技是国家强盛之基，创新是民族进步之魂。“科技创新、科学普及是实现创新发展的两翼，要把科学普及放在与科技创新同等重要的位置。没有全民科学素质普遍提高，就难以建立起宏大的高素质创新大军，难以实现科技成果快速转化。”习近平总书记在“科技三会”上的重要讲话，强调了科学普及与科技创新的重要作用，对于站在新的历史起点推动我国科学普及事业发展具有重大的意义。

加强科普能力建设，提高公民科学素质，是首都北京增强自主创新能力的重要基础，是推进全国科技创新中心建设的重要保障。近年来，从制度建设、资金保障、基础投入、活动组织方面全面推动科普建设，按照“政府引领、社会参与、创新引领、共享发展”的总方针，首都地区的科普能力建设成效显著；科普活动蓬勃发展，科普资源日益丰富，统筹协调机制不断优化。

步入“十三五”以来，服务于全国科技创新中心建设，首都地区的科普工作面临着新的形势和更高的要求。一是市民总体科学素质与发达国家还存在较大差距，城乡之间差别较大，实施创新驱动发展战略和全国科技创新中心的城市战略定位，要求以更大的力度推进科学普及和公众科学素质达到新高度。二是具有重大国际影响力的科普品牌较少，社会化、市场化、常态化、泛在化的科普工作局面尚未形成，国家战略要求首都地区的科普以区域协同的胸怀、国际合作的视野谋划科普新篇章。三是新一代信息技术、“互联网+”等科技传播手段日新月异，虚拟现实、增强现实、混合现实等新技术和微博、微信、移动客户端等新媒体逐渐渗透到各领域，要求以新技术、新手段、新模式开创科普工作新局面。四是全面深化改革、转变政府职能，要求科普创新体制机制，对科研院所、高校和高科技企业的科技资源进行深度挖掘，对前沿技术和最新成果进行推广和普及，急需科普工作提出新思路。五是《北京市“十三五”时期科学技术普及发展规划》把“新技术、新产品、新模式、新理念推广服务机制建成，科普信息化、产业化程度不断提高”作为北京科普工作的具体目标，为下一阶段科普工作提出了新要求。

面对新形势、新任务、新挑战，更好地服务于全国创新中心建设，服务于创新驱动发展战略、“一带一路”倡议、京津冀协同发展战略，首都地区科普工作精准发力，注重实效。围绕“三城一区”布局，根据《北京市“十三五”时期科学技术普及发展规划》部署，适应科普工作的新要求，系统全面地推进了科普惠及民生、科学素质提升、科普设施优化、科普产业创新、“互联网+科普”、创新精神培育、科普助力创新、科普协同发展八大科普建设工程，不断强化“科普北京”品牌的影响力和辐射力，将前沿科技创新成果、关键共性技术突破、新技术新产品及时有效地科普给社会公众，积极建立新型科普支撑体系，切实提升科普能力，促进公民科学素质提高，为首都经济社会发展和科技创新提供了重要支撑，为全国科技创新中心建设奠定了坚实基础。

当前，已经步入“十四五”的第一个年头，展望“十四五”及未来全国科技创新中心建设对于首都地区科普能力提升的更高要求，为新常态下科学、全面、有效地评估首都科普能力建设情况，北京市科学中心组织专家力量，结合新的形势、新的要求，开展首都地区科普能力调查评估研究。本书通过调研首都地区科普工作现状，摸清了首都地区科普能力底牌；在参照国家科普能力评价体系的基础上，结合全国科技创新中心定位下首都地区的科普能力建设的实际要求，以务实的态度、发展的眼光、创新的视角，分析了首都地区科普能力的核心要素，研究构建了首都地区科普能力评价指标体系；通过定性定量结合的方式，总结了首都地区科普能力建设短板，提出了针对性的对策建议，服务政府决策，促进首都地区科普事业向着全国科技创新中心建设的目标不断提升和发展。

编著者

2020. 12

目　录

1　首都地区科普能力建设的回顾与展望 ······ 1
1.1　首都地区科普能力建设情况总览 ······ 1
1.2　新的历史时期首都地区科普能力建设面临的形势和要求 ······ 3

2　首都地区科普能力的内涵研究 ······ 8
2.1　关于科普能力概念研究的综述 ······ 8
2.2　首都地区科普能力定义的研究 ······ 10
2.3　首都地区科普能力的主要特征 ······ 14

3　“十二五”期末首都地区科普能力发展情况 ······ 16
3.1　科普人才队伍建设情况 ······ 16
3.2　科普基础设施建设情况 ······ 21
3.3　科普经费情况 ······ 26
3.4　科普传媒情况 ······ 30
3.5　科普活动情况 ······ 32
3.6　创新创业情况 ······ 34
3.7　近十年首都地区科普能力发展成效及问题分析 ······ 36

4　国家科普能力评价框架指导下的首都地区科普能力实证研究 ······ 47
4.1　科普能力评价研究综述 ······ 47
4.2　国家科普能力评价指标体系概述 ······ 51
4.3　科普能力评价指标设计应遵循的原则 ······ 53
4.4　国家科普能力评价框架指导下的首都地区科普能力评价指标 ······ 53
4.5　首都地区科普能力评估 ······ 56

5　新时期首都地区科普能力评价指标体系创新研究………………………… 70
5.1　新时期首都地区科普能力主要构成要素研究………………………… 70
5.2　新时期首都地区科普能力新的构成要素研究………………………… 74
5.3　新时期首都地区科普能力评价指标体系建立的原则………………… 77
5.4　新时期首都地区科普能力评价指标设计……………………………… 81
5.5　首都地区科普能力评估………………………………………………… 87

6　提升首都地区科普能力的对策与建议……………………………………… 92
6.1　着力补强弱点，平衡区域科普能力…………………………………… 92
6.2　提高重视程度，加大多方科普投入…………………………………… 93
6.3　重视活动策划，打造科普活动品牌…………………………………… 94
6.4　聚焦新技术，创新科普传播模式……………………………………… 95
6.5　做好制度安排，科学评估科普效果…………………………………… 95

7　首都地区科普基地建设实证分析…………………………………………… 97
7.1　密云区生态科普走廊基地示范建设情况……………………………… 97
7.2　密云区生态科普走廊基地运营及问题分析 ………………………… 111
7.3　密云区生态科普走廊基地示范建设模式推广建议 ………………… 117

8　首都地区网络科普实证分析 ……………………………………………… 119
8.1　首都地区网络科普的特征和现状 …………………………………… 119
8.2　北京长城网科普建设调研 …………………………………………… 121
8.3　问题与对策 …………………………………………………………… 123

9　首都农村地区科普能力建设实证分析 …………………………………… 126
9.1　首都农村科普现状 …………………………………………………… 126
9.2　首都农村科普能力实证分析 ………………………………………… 128
9.3　各区农村科普能力对比 ……………………………………………… 135
9.4　面临的问题和建议 …………………………………………………… 143

参考文献……………………………………………………………………… 145

1 首都地区科普能力建设的回顾与展望

1.1 首都地区科普能力建设情况总览

作为与社会、经济、政治、文化、科技密切相关的公共事业，科学普及对提高公民科学素质具有重要作用。研究表明，公民科学素养达到 10% 以上是一个国家进入创新型国家的基本条件，也是创新型国家的标志之一。

关于科普能力建设的概念，首先是从国家层面提出的。为推进实施《全民科学素质行动计划纲要（2006—2010—2020 年）》，努力建设创新型国家，根据《国务院关于印发实施〈国家中长期科学和技术发展规划纲要（2006—2020 年）〉若干配套政策的通知》（国发〔2006〕6 号），加强国家科普能力建设，提高公民科学素质，2007 年，科技部等八部门联合发布《关于加强国家科普能力建设的若干意见》，推动了国家科普能力的建设、提升和发展。首都地区的科普工作起步于 20 世纪 50 年代初期，2007 年《关于加强国家科普能力建设的若干意见》出台之后，明确提出了科普能力建设。2010 年，北京市颁布实施了《关于加强北京市科普能力建设的实施意见》（京科发〔2010〕268 号），为北京市科普能力建设工作的有效开展提供了依据、指导和保障。

多年来，首都科普多措并举、扎实推进，能力建设走在全国前列。尤其在“十二五”时期，为贯彻落实创新驱动发展战略、推动全国科技创新中心建设，北京紧密围绕提高公众科学文化素质发展目标，主动适应经济发展新常态，不断深化科普体制机制改革、聚焦提高重点人群科学素质、打造科普活动品牌、促进科普资源开放共享、繁荣科普创作出版、拓展科技传播渠道，地区科普服务能力明显提升。500m^2 以上的科普场馆达到 101 个，比“十一五”时期增加 36 个。科技馆、科学技术博物馆建筑面积达 109.78 万m^2，比“十一五”时期增加 41 万 m^2。每万人拥有科普场馆展厅面积 221.28m^2，比“十一五”时期增长 24.45%。创建社区科普体验厅 50 家，覆盖 16 区 50 余万人；创建市级科普基地

326家、市级社区青年汇500家、科普活动室2 000余家、科普画廊3 500余个。报纸、期刊、广播电视等传统媒体传播科学知识的力度不断加大、能力不断增强，电台、电视台播出科普（技）节目时间达到9.97万小时。科普原创水平显著提高，科普图书年出版种类和册数逐年增长，累计入围全国优秀科普作品104部，占全国的52%。以微博、微信、移动客户端等为代表的新媒体成为科技传播的重要方式和向社会公众答疑解惑的重要渠道，有效支撑了首都地区科技工作，科普活动蓬勃开展。依托北京科技周、全国科普日等，开展了一系列创新科普项目，培育了北京学生科技节、城市科学节、科学嘉年华、青少年科技创新大赛等诸多品牌科普活动，实施了一批科普惠农、科普益民等常规科普计划，在全市形成了良好的创新文化氛围。“翱翔计划”“雏鹰计划”等培养了大量科技创新后备人才，使科教活动走在了全国前列。科普（技）讲座、科普（技）专题展览、科普（技）竞赛分别达到4.89万次、4 835次、3 035次，均高于全国2.81万次、4 375次、1 525次的平均水平。进一步开发和整合首都科普资源。科普经费年度筹集额稳定增长，人均科普专项经费由“十一五”时期的36.42元上升至46.01元，增长26.33%，远高于全国4.68元的平均水平。科普队伍日益壮大，逐渐向高端化、专业化发展。以科普项目社会征集为抓手，发掘撬动了社会优势科技资源，推动了一大批高校院所和企事业单位面向社会开放科技资源，科研机构和院校向社会开放数量达569家，比“十一五”时期增加190%。支持中国科学院建立了40多个科技资源科普化平台，众多优质资源加入科普服务的阵营。2015年首都公民科学素质达标率从2010年的10%提高至2015年的17.56%，超额完成了中国科协、北京市所确定的目标，提高幅度居全国之首。

“十三五”是全面建成小康社会的决胜阶段，首都地区的科普工作更需要提升自身能力，进一步服务于科技创新，服务于首都经济社会发展，在实施创新驱动发展战略、建设全国科技创新中心、服务创新型国家过程中，做出应有的贡献。2016年《北京市“十三五”时期科学技术普及发展规划》明确了适应新时期发展的首都科普工作定位，提出了首都科普要坚持“政府引导、社会参与、创新引领、共享发展”的工作方针，要站在大视野、大科普、国际化的高度，以建设国家科技传播中心为核心，以提升公民科学素质、加强科普能力建设为目标，以打造首都科普资源平台和提升“首都科普”品牌为重点，着力提升科普产品和科普服务的精准、有效供给能力，着力加强新技术、新产品、新模式、新理念的推广和普及，着力推进“互联网+科普”和“两微一端”科技传播体系，着力培育创新文化生态环境，激发全社会创新创业活力，为全国科技创新中心建设提供有力支撑。

2016年至今，在创新科普体制机制，加强工作协作联动；完善科普政策法规，优化科普创新环境；优化科普投入机制，引导社会广泛参与；加大科普宣传力度，构建立体传播体系；建立监测评估机制，确保重点任务实效等5项措施保障下，通过发挥政府的引导作用、倡导全社会积极参与以及创新科普内容形式，首都科普能力建设屡创佳绩：科普经费筹集额持续位居全国首位，科普人员数量持续增长，科技场馆数量不断增加，科普传播形式日趋多样，科普机制灵活有效，高端科技成果科普化进程加快，以科研院所为代表的社会力量积极广泛参与的格局业已形成，以科普活动周为代表的群众性科普活动产生了广泛的社会影响力。首都科普事业进入了"新常态"，在科普模式、内容、机制等方面形成了自身特色，为创新精神培育、创新氛围营造和创新文化建设做出了突出的贡献，有效保障了2020年首都公民具备基本科学素质比例达到24%目标的实现。

1.2 新的历史时期首都地区科普能力建设面临的形势和要求

高度重视科学普及，是习近平总书记关于科学技术的一系列重要论述中，一以贯之的思想理念。习近平总书记在"科技三会"上的重要讲话是这一思想理念的进一步延伸和升华，从战略的高度肯定了科学普及工作的重要性。党的十八大以来，在党和政府的关怀指导下，跟随着国家创新驱动发展战略的推进和全国科技创新中心建设的加强，首都科普事业进入了新的历史时期，科普能力建设面临着新的形势和要求。

1.2.1 政策的逐步完善为首都地区科普能力建设创造了良好稳定的环境

我国是法治国家，实行依法治国是实现中华民族伟大复兴中国梦的必然选择，各项事业发展必须在法律框架内严格执行。科普是一项社会公益事业，政府通过制定科普法规、完善科普政策，规范调节着科普工作的方方面面，改善资源分配，优化社会环境，使科普事业朝着健康、有序的方向发展，保证了国民的科学素质与国家的科技水平的整体协同发展。

首都北京历来十分重视科普政策环境的营造。1998年11月5日通过的《北京市科学技术普及条例》，成为指导北京科普工作的首份官方的地方性条例，奠定了北京科普工作的基础，走在了全国的前列。2006年，在国家颁布了《全民科学素质行动计划纲要（2006—2010—2020年）》后，北京市委市政府办公厅颁布了《北京市全民科学素质建设工作方案》，及时作出反应。同年颁布了《北京市国民经济和社会发展第十一个五年计划发展纲要》，提出搞好科学普及，提高农民文明素质，引导农民形成健康文明的生活方式。2007 年，北京市全民科学素质工作领导小组印发了《北京市全民科学素质行动 2007 年工作要点》，并先后就农民、领导干部和公务员、城镇劳动人口、未成年人四类科普重点人群出台了各自的实施方案。2008 年 6 月，北京市科学技术委员会出台了《北京市中长期科学和技术发展规划纲要（2008—2020 年）》基本奠定了 21 世纪的前 20 年的科普工作规划。2010 年《北京市全民科学素质行动“十二五”规划》的颁布实施，成为“十二五”时期首都地区科普最重要的工作指南。

从“十二五”开始，首都地区科普政策逐渐走向成熟和完善。相继出台了多部支撑科普工作的管理办法和实施方案，科普政策体系日渐完善。如 2011 年 2 月，北京市科学技术委员会、北京市委宣传部、北京市人力资源和社会保障局、北京市科学技术协会联合发布的《北京市科普工作先进集体和先进个人评比表彰工作管理办法》，有力提升了科普人才队伍建设；2011 年 9 月《北京市科技专项管理办法》又为首都地区科普工作的开展提供了有力的资金支持。

进入“十三五”，首都地区科普工作步入了新的历史时期。2016 年《北京加强全国科技创新中心建设总体方案》，明确了首都全国科技创新中心的核心功能。随着全国科技创新中心功能定位的确立和建设的整体推进，针对新时期科普工作面临的新形势，以及党的十八大以来党和政府对科普工作的重视，首都北京适时调整出台了《北京市“十三五”时期科学技术普及发展规划》《北京市全民科学素质行动计划纲要实施方案（2016—2020 年）》，成为当前指导首都地区科普工作的行动方案。

科普工作是营造创新环境、培养创新人才的基础性工作，是建设创新型国家和世界强国的基础性工程。当今全球的竞争已经从经济竞争、产业竞争前移到科技进步和创新能力的竞争、人才的竞争，科学普及与科技创新已具备同等重要的位置。自 1998 年颁布了地方性科普工作条例至今，首都地区已累计颁布出台了主要科普法规政策 27 部。其中法律法规 1 部、规划纲要 8 部、管理办法 5 部、指导文件 11 部、财税政策 2 部。政策法规的陆续出台，为首都地区科普工作开展提供了坚实的法律依据，为首都科普能力建设提升营造了良好稳定的环境。

1.2.2 创新驱动发展战略对首都科普能力建设提出了新要求

创新驱动发展战略是我国经济发展新常态下的核心战略。公民科学素质提升对于推进创新驱动战略、促进经济发展具有重要的意义。以习近平同志为核心的党中央，反复多次强调要把科学普及放在与科技创新同等重要的位置。一方面，通过科学普及，提高公众的科学文化素质，进而利用科学的态度和方法判断及处理身边的事情和参与公共事务。另一方面，科学普及水平的高低，也从一个侧面反映了国家或地区的软实力，影响其科技创新水平，决定了国家或地区的自主创新能力和社会经济发展水平。只有将科学普及与科技创新放在同等重要的位置，才能够聚集更多的科技工作者参与科技传播，推广科学知识，推动地区科技事业有序进行，才能真正实现创新发展。

党的十九大报告指出："中国特色社会主义进入新时代，我国社会主要矛盾已经转化为人民日益增长的美好生活需要和不平衡不充分的发展之间的矛盾。"新时代提升公民科学素质，首先就要正视科学普及事业面临的主要矛盾，即科普供给侧与需求侧的不匹配问题；新时代提升首都地区科普能力，首先就应立足于满足人民对美好生活和国家对创新发展的双重需要，积极引进市场机制推进科普供给侧改革，积极运用新媒体数字化手段推进科普信息化建设，通过推进科普供给侧改革，带动首都地区科普能力的全面提升，为全国科技创新中心建设的中心任务服务，为支撑引领国家创新发展战略推进服务。结合学习《新时代国家科普能力建设的现实语境与未来走向》（郑念等，2018），认为首都科普能力建设应与新时期国家科普能力建设思路一致，步调统一，立足于解决科普供给侧与需求侧之间不平衡和不充分发展的主要矛盾，在市场化、信息化、精准化和社会化四个方向上发力，切实加强能力建设，为引领国家科普能力建设服务。

第一，基于科普产业发展的科普能力提升。面向知识消费时代公众对科普类服务产品的强劲市场需求，利用市场机制的基础性调节作用，遵循科普产业发展规律，推动科普供给侧改革创新，以供给创造和推动需求发展科普产业，从而提升现实科普能力。第二，基于新媒体技术应用的科普能力提升。推进传统科普服务向在线服务转化迁移，借助信息化新媒体手段，创新科普服务方式，发展新型服务业态。第三，基于精准化服务的科普能力提升。建立多元化系统平台间的协同机制，结合大数据等先进技术手段，精准定位服务重点人群的科普需求，同时强化服务效果评估，实打实地提高公众生产生活的科学能力，增强科普获得感，凸显科普能力建设的实际效果。第四，基于建立社会化参与机制的科普能力提升。当前，公众参与企业产品创新的众包模式正在形成，延伸扩散到科普领域，众包模式能够引导公众走近科学，参与创新，契合知识消费时代需求，具有广泛的社会基础和科普产业化的潜质，将为带动首都科普产业发展、提升首都科普能力提供新的思路。

1.2.3 “互联网+”为首都科普能力建设注入了新活力

根据中国互联网络信息中心在京发布的第42次《中国互联网络发展状况统计报告》，截至2018年6月30日，我国网民规模达到8.02亿，互联网普及率为57.7%，其中手机网民达到7.88亿，以数字化、网络化、智能化为标志的信息技术革命日新月异，互联网日益成为创新发展的先导力量，公众接受科普的方式也在发生重要的转变。新一代信息技术、“互联网+”等科技传播手段日新月异，新媒体、大数据、虚拟现实（virtual reality，VR）、增强现实（augmented reality，AR）、混合现实（mixed reality，MR）等新技术和微博、微信、移动客户端等新媒体逐渐渗透到各领域，为提升首都地区科普能力注入了新活力。

自2010年《关于加强北京市科普能力建设的实施意见》颁布实施以来，首都地区通过实施科普信息化工程，推动了传统媒体与新媒体深度融合，实现了多渠道全媒体的科学传播格局。网站微博、微信、手机应用软件（application，App）、手机报等新媒体正逐渐成为首都地区政府和组织机构开展科普宣传的重要阵地和重要渠道。截至2014年，近50家北京科普工作联席会议成员单位和区开设了官方微博，发布微博合计30余万条，粉丝量累计4 353.14万人次。至2015年年底，首都地区专业科普网站343个，在全国13个科普网站数超百的省市中名列第一；市科协及所属事业单位、区县科协建有科普App 4个，科普微信公众号20个。

“互联网+”技术的发展加速了媒体的融合，提高了科学传播的效率。不同机构开发的科普网站、微博和微信公众号等新媒体平台，正在逐步通过媒体矩阵的运营方式，将丰富的科普内容通过多种形式发布于多个平台，以生态化的协同传播机制，实现面向多元化群体的知识共享，达到整合化传播的效果。目前，首都地区已经形成了以“蝌蚪五线谱”网站为龙头，以手机App终端、社区数字科普视窗、楼宇电视、地铁公交电视为延伸，以“科普中国”为重点的新媒体传播平台网络。充分发挥了“两微一端”为代表的新媒体的影响力和引导力，通过对优质资源的再开发，制作移动客户端、科普微视频、科普轻游戏等，实现资源的高效共享和再利用。事实证明，“互联网+”引领的科技进步、模式创新，推动了科学传播载体的进化，拓展了科学传播的速度、广度、深度，为首都地区科普能力建设提升注入了新活力。

1.2.4 “新常态”经济发展特征赋予首都科普能力建设新使命

当前全球科技革命和产业革命正在孕育新突破，我国经济发展支撑高速增长的优势在减弱，经济发展步入“新常态”。经济新常态的核心要义是推进以科技创新为核心的全面创新，为经济社会发展提供新动力。我国经济发展进入新常态，表现出速度变化、结构优化、动力转换三大特点，发展动力正在从主要依靠资源和低成本劳动力等要素投入转向创新驱动。“十三五”时期是中国经济转型与全面深化改革的历史关节点，也是全面建设小康社会的决胜阶段。作为国家的政治中心，国家行政管理部门聚集地，首都地区的科普工作将服务于创新驱动发展战略、“一带一路”倡议、京津冀协同发展战略，将具有鲜明的时代性。

“十三五”时期，首都地区科普事业重点围绕“科普惠民工程”“科学素质提升工程”“科普设施优化工程”“科普产业创新工程”“互联网+工程”“创新精神培育工程”“科普助力创新工程”“科普协同发展工程”八大工程展开。通过开展主题活动，优化基础设施，鼓励科普产业创新，提升信息化水平，打造“首都科普”新媒体平台，推动科普大数据开发共享，且通过科普创新工程推广新技术新产品、促进高端科技资源科普化。

在科学技术普及事业日益全球化、多元化的今天，首都地区科普工作虽然取得了不俗的成绩，但也存在诸多值得注意和有待改进的地方，如科普活动的有效性有待进一步提升、科普服务能力与水平有待进一步增强、具有国际影响力的科普品牌尚未形成等，与科技发达国家相比，在向公众提供产品与服务等科普能力方面还存在较大差距。“十三五”期间，北京围绕科普资源、工作体制、人才队伍、基础设施、科普传播能力，“首都科普”影响力和显示度多方面设定了新的目标。因此，需要进一步强化能力提升意识，树立以能力建设为导向的科普发展理念，结合全国科技创新中心定位下首都科普工作和“互联网+”时代科普能力建设的新要求，调研分析首都地区科普能力的构成要素，建立科学客观的评价标准和评价机制，精准定位首都科普能力短板，切实推进科普能力建设升级，使之符合全国科技创新中心的核心定位，使首都地区科普融入新的历史时期，站在新的发展高度，引领我国科学技术普及事业创新发展。

本研究立足首都北京强化全国科技创新中心核心功能定位背景下明确首都地区科普能力定义和评价标准、评价科普能力现状、提升科普能力水平的迫切要求，参考借鉴国内外专业机构在科普能力概念研究、评价与实证研究等方面取得的先进成果和经验，调研首都地区科普事业发展现状，总结梳理首都地区科普工作的演进与新时代要求，分析凝练出构成首都地区科普能力的关键要素，科学运用现代综合评价方法，整合权威机构数据，构建首都地区科普评价指标体系，开展首都地区科普能力评价的实证分析研究，展示现阶段首都地区科普能力的整体发展水平，发现首都地区科普事业发展过程中的突出问题，并为未来首都地区科普事业发展提供科学的依据和建议。

2 首都地区科普能力的内涵研究

2.1 关于科普能力概念研究的综述

本研究旨在综合分析决定首都地区科普能力的要素，定量与定性结合，建立首都地区科普能力综合评价指标体系。评价的核心是“科普能力”，能力评价的核心对象是“首都地区科普”。需要从明确“科普能力”的定义开始，剖析“首都地区科普能力”的内涵。

当前大多数研究都是从构词角度入手定义“科普能力”。按照现代汉语构词法，科普能力是由“科普”“能力”两个语素构成。王刚等（2017）总结了“科普”和“能力”的定义，即“科普”是科学普及的简称，又称大众科学或普及科学，是指利用各种传媒以浅显的、让公众易于理解、接受和参与的方式向普通大众介绍自然科学和社会科学知识、推广科学技术的应用、倡导科学方法、传播科学思想、弘扬科学精神的活动；“能力”则是完成一项目标或任务体现出来的素质，是达成一个目标所具备的条件和水平。科普能力的建设，就是把能力的建设目标或任务设定为向大众介绍科学知识、推广科学技术、倡导科学方法、传播科学思想、弘扬科学精神。科普能力的行使，是以提高公众科学文化素质为目的的科学活动，是把人类已经掌握的科技知识和生产技能，以及从科学实践中升华出来的科学思想、科学方法和科学精神，通过各种方式和途径传递给广大公众，并为广大公众所掌握的系统过程（王翔，2016）。

科普能力与科普事业是密不可分的。《中华人民共和国科学技术普及法》指出，科普是公益事业，是社会主义物质文明和精神文明建设的重要内容，发展科普事业是国家的长期任务。科普事业的发展，实质上是以政府为主导，推进科普资源数量和质量提升，并促进科普供给同科普需求匹配优化的过程，是政府通过人才培养、财政投入、组织引导、调整优化等方式，不断提升科普能力的过程。科普能力决定了科普事业的未来。科普能力评价能够直观反映出国家或地区科普事业的整体规模、发展速度和区域间的发展差距，是政府决策参考和制订政策的重要依据，因此，历来受到相关决策部门和研究机构的重视。

根据相关研究，归纳出反映“科普能力”的要素种类，即由主体要素、客体要素、支撑要素、载体要素、产出要素组成。2007年《关于加强国家科普能力建设的若干意见》中指出国家的科普能力表现为一个国家向公众提供科普产品和服务的综合实力，包括科普创作、科普传播渠道、科普教育体系、科普工作社会组织网络、科普人才队伍以及政府科普工作宏观管理等多个方面。《国家科普能力发展报告（2006—2016）》指出科普能力由当前科普工作的系列要素构成，主要包括科普创作、科普传播渠道、科普教育体系、科普工作社会体系、科普人才队伍建设以及政府科普工作宏观管理等各方面要素，探索性地构建了国家科普能力的构成要素或子系统分解，分为科普基础设施、科普人才、科普经费投入、科普教育环境、科普作品传播、科普活动等六大类要素，共同构成国家科普能力评估指标体系。

国家科普能力定义提出后，众多学者从不同角度诠释了“科普能力”的概念。陈昭锋（2007）认为科普能力是在科普经费充足供应，人员配置合理和基础设施有效运转的情况下，在组织管理正常和政策不断优化的条件下，可能提供的科普创作和科普活动等科普产品或服务。李健民等（2009）指出科普能力是一个长期的、基础的系统工程，与科普发展阶段密不可分，并且科普能力的提升有利于科普阶段向前发展。张慧君等（2014）通过参考《关于加强国家科普能力建设的若干意见》中对国家科普能力的定义参考，将区域科普能力概括定义为“一个区域向公众提供科普产品和服务的综合实力”。王刚等（2016）认为科普能力的内涵是指在一定时期内，由当时的科普资源状况和经济技术决定的、各种科普生产要素综合投入形成的，可以相对稳定实现科普产品或服务的产出能力。并认为科普能力的要素应当包括主体要素（科普人才队伍）、客体要素（受众）、支撑要素（政策环境等）、载体要素（场馆、社区等）、内容和手段要素等。齐培潇等（2018）认为国家的科普能力是一个国家向公众提供科普产品和服务的综合实力，是提升公民科学素质的重要支撑，并从科普人员、科普经费、科普基础设施、科普教育环境、科普作品传播和科普活动等六大方面研究我国科普能力的影响因素。

综上所述，无论是国家科普能力还是区域科普能力，反映并决定科普能力的要素，都应该从投入、产出、支撑3个维度考虑。众多研究取得的共识是，现有的科普工作组成要素都是科普能力的构成要素，即科普政策、科普人才、科普基础设施、科学传播体系（科普媒介）、科普作品（产品）、科普组织机制，构成了决定和反映科普能力的六大核心要素。对于科普能力概念的定义，也应反映六大核心要素所发挥的作用。由此认为，科普能力是指在一定的投入和支撑背景下，科普行为主体通过科普媒介向科普对象传播科普内容，最终实现促进科技资源向科普资源转化，提高科普工作绩效的综合实力。

2.2 首都地区科普能力定义的研究

科普能力决定了科普工作的质量、效率和水平，决定了科普事业的发展。国家科普能力评价指标体系的建立，为首对地区科普能力评价提供了科学的思路和理论的支撑。结合文献调研和实际工作体会，笔者认为科普能力的目标要求和构成要素是因地制宜，与时俱进，不断发展的。区域层面的科普能力评价应着眼于区域科普能力建设的差异，从各个地区的现实条件和现实要求出发，分析区域科普能力核心要素，建立合理的评价指标体系；并且建立的评价指标体系也应随着社会经济发展，调整指标和权重，以发展的眼光，跟随时代的步伐，以创新的思路，因时因地确立科学的评价指标体系。

本研究核心目标之一是建立首都地区科普能力评价指标体系。在借鉴国家科普能力评价研究理论成果的基础上，首先应认真思考首都地区科普能力建设的背景、特征和目标，进而结合实际，科学定义首都地区科普能力。

结合上文对“科普能力”概念研究的综述和取得的结论，笔者认为，首都地区科普能力可以概括表述为以北京为核心的首都地区科普主体面向公众提供科普产品和服务的综合能力，主要表现为在科普创作、科普载体、科普场地设施、科普组织机制、科普人才建设以及政府科普宏观管理等方面能力的综合体现。

随着国家创新发展战略的提出，首都北京正在加快推进全国科技创新中心建设，大力推动首都公众意识和科学素质提高，着力营造大科普事业发展的良好环境，首都地区的科普工作逐渐进入到“公众参与科学”的阶段，首都地区科普能力建设也有了进一步的要求。

《北京市“十三五”时期科学技术普及发展规划》提出要坚持“政府引导、社会参与、创新引领、共享发展”的工作方针，首都地区科普工作要站在大视野、大科普、国际化的高度，以建设国家科技传播中心为核心，以提升公民科学素质、加强科普能力建设为目标，以打造首都科普资源平台和提升“首都科普”品牌为重点，着力提升科普产品和科普服务的精准、有效供给能力，着力加强新技术、新产品、新模式、新理念的推广和普及，着力推进“互联网+科普”和“两微一端”科技传播体系，着力培育创新文化生态环境，激发全社会创新创业活力，为全国科技创新中心建设提供有力支撑。

针对首都地区科普能力的调查评估研究，旨在分析首都科普工作特点，提出并建立前瞻性、建设性、科学性的评价体系，参照监测首都地区科普能力建设进度，提升首都地区科普能力的建设水平，促进首都地区科普事业的持续健康发展。建立前瞻性、建设性、科学性的综合评价体系，首先需要从概念角度准确科学地定义“首都地区科普能力”。区别于其他省市地区，北京不仅是一座城市，一个直辖市，一个国际现代化大都市，更是我国的首都，需要以优化提升首都核心功能、提升城市发展水平、建设国际一流的和谐宜居之都为立足点，围绕建设一个什么样的首都及如何建设首都的问题，站在“大视野、大科普、国际化”的高度，分析首都科普能力构成要素，定义首都地区科普能力。

决定首都地区科普能力的因素涉及投入和产出、支撑3个方面。投入品要素概括起来讲就是“经费、人员、设施”三大板块。《中华人民共和国科普法》规定了科普是公益事业，科普事业发展需要经费保障。经费投入是决定科普能力建设水平的重要因素。首都地区历来重视科普经费投入，经费投入持续增加。“十二五”期间，首都地区科普专项经费逐年递增，由2009年的54 737万元，增加到2015年的119 852万元，年均增长接近17%，人均科普专项经费46.01元，较2009年增长了87.7%。进入“十三五”，首都地区财政资金支持力度持续增强：通过设立北京科普产业发展专项基金，对符合首都功能定位、符合战略需要的产业予以倾斜；通过将科普产业纳入税收优惠对象，加大财政支持力度；通过对有一定影响力的科普产业项目，尝试以国家、企业和社会力量入股的形式参与利益分配和监督管理，发挥社会力量，融合社会资金。2016年，首都地区全社会科普经费筹集额25.12亿元，人均科普专项经费达到58.13元，已超过“十三五”期末人均科普经费社会筹集额50元的预期，为首都地区科普能力建设提供了坚实的保障。

科普人员是科普事业发展的主力军，科普队伍规模和质量，是科普能力水平的重要体现。首都地区科普人员分为专职人员、兼职人员和注册志愿者。根据2015年数据，首都地区科普专兼职人员总量、平均每万人口拥有科普人员数量、中级职称或大学本科学历及以上高素质人员数量，均位居全国前列。总体上看，首都地区科普人员的任职机构广泛，角色分工多样，任职部门方面，科普人员广泛分布在政府、社区、院所、学会协会、高校、乡镇、媒体、企业、园区、公益组织等机构；角色分工包括管理、研究、策划、创作、设计、讲解、主持、组织运营等。随着科普产业的发展，越来越多来自不同机构、不同分工、不同年龄、不同性别的人，参与到科普工作当中，为首都地区科普能力建设注入新生力量。

科普公共基础设施是科普事业发展的重要载体，是为公众提供科普服务的重要平台。在政府投资和社会参与下，首都地区科普公共基础设施种类日益丰富，除了传统的专用型科普设施，如科技场馆、科学技术博物馆外，依托院所、机构、高校、企业、园区建设的科普基地，依托城市社区建立的科普专用活动室（社区科普展厅），依托学校图书馆等场地建设的科技活动教室等兼用型科普设施，以及随着研学项目推进建设的多种类型的研学基地，都卓有成效。至2015年，首都地区科技馆25个，科技馆展厅面积12.52万m^2；科学技术博物馆46个；科普基地420个，形成了以中国科技馆等综合性场馆为龙头，自然科学与社会科学相得益彰、综合性与行业性协调发展，门类齐全、布局合理的科普基地体系；城市社区科普专用活动室1 112个；农村科普活动场地12 011个。2018年，全市共有39家单位及学校入选全国中小学生研学实践教育基地和营地。2019年3月8日，为进一步统筹首都科普场馆资源，加快推进首都创新文化建设，由中国科技馆、中国科学院科学传播局、中国地质大学（北京）、北京科学中心、北京企业文博协会五家单位共同发起的北京科学教育馆协会在京成立，首批成员单位75家，旨在吸纳全市各类场馆，优势互补、资源共享、协同发展，努力打造与首都地位和形象相匹配的“首都科普”新名片。首都地区科普公共基础设施建设始终坚持与全国科技创新中心建设同步，呈现了多主体、多元化、社会化的特点，成为首都地区科普能力创新建设的主阵地。

科普作品与科普活动，是科普成果的外化表现形式，构成了科普的产出要素。依托首都地区众多科研机构、高新企业等资源，科普创作和科普活动均走在了全国前列。图书、期刊、音像制品、电视节目等传统科普创作总体规模向好；互联网技术的发展以及科普信息化工程的推进，带动了动漫、游戏乃至VR等形式的新媒体科普创作，H5、App等形式的移动终端科普创作也日渐繁荣，机构建设了“两微一端”、科普云、数据资源中心，以新媒体作为载体的科普作品日益丰富。科技周专题活动、科学竞赛、专题展览、科普讲座、科学沙龙、科文卫三下乡等形式的科普活动，从数量到质量，都有了长足的提升和发展；创建了北京科学嘉年华、农业嘉年华等品牌科普活动，取得了良好的社会经济效益；院所机构与企业合作的面向中小学生的研学活动也在蓬勃开展。

日臻完善的制度、灵活创新的机制、多元化的载体，支撑了首都地区科普能力建设。政府科技管理部门在科学传播的制度建设中扮演着关键角色。首都北京高度重视科普制度建设，先后制定了《北京市科学技术普及条例》《关于加强北京市科普能力建设的实施意见》《北京市“十一五”“十二五”科普工作发展规划纲要》等地方法规和政策文件，按照国家科普统计有关要求，建立了科普统计监测工作体系，为全市科普工作开展提供了强有力的法律保障和制度支持。早在1996年，北京率先在国内设立了科普工作联席会议，办公室设在市科委，由主管市领导任主席，16个区县也建立了科普工作联席会议制度，在全市范围形成“纵（市、区、街道、社区）横（委办局和社会团体）交错”的科普工作体系，很好地发挥了规划、指导、组织、协调的重要作用，保障了首都科普工作“一盘棋”。灵活创新科普工作机制，引导全社会参与科普，引导社会力量兴办科普，引入市场机制推进科普。如，发起“科普惠农”“社区科普益民”“科普项目社会征集”等项目，通过政府资金引导，调动了全社会参与科普工作的积极性，对培育科普品牌、促进科普事业发展起到了积极作用；推动高校院所、科技型企业向社会开放，充分发挥首都丰富的科技资源优势，推动高端科技资源科普化；探索推进跨界合作，促进科技与文化、旅游的融合，组织开展了中关村科教旅游节等项目。灵活借助多元化的科普载体，特别是新媒体，提高科学传播的效率和效果。形成了以“蝌蚪五线谱”网站为龙头，以手机App终端、社区数字科普视窗、楼宇电视、地铁公交电视为延伸，以“科普中国”为重点的新媒体传播平台网络；充分发挥了新媒体在科普中的影响力和引导力，通过对优质资源的再开发，制作移动客户端、科普微视频、科普轻游戏等，实现了资源的高效共享和再利用，促进了首都整体科普产能的提升。

《北京城市总体规划（2016年—2035年）》提出：打造以首都为核心的世界级城市群。世界的、核心的、引领的，是体现首都地区特征的关键词。首都地区的科普事业发展应遵循总体规划，科普能力建设应接轨国际，突出核心，体现引领。综合上述首都地区现阶段科普能力调研和总结，认为科学定义首都地区科普能力，要着眼于首都城市总体发展规划和首都4个中心定位，通过“五个体现”彰显首都特色：一要体现科普服务全国创新中心建设的核心宗旨；二要体现“政府引导、社会参与、创新引领、共享发展”的科普建设方针；三要体现公众科学素养提升、青少年教育、产业创新人才培养的多元化科普目标；四要体现“互联网+”时代科普的特征，即通过科普领域新技术、新产品、新模式、新理念产出推动实现首都科普信息化、产业化、智慧化等方面的作用；五要体现出科普在增强公众创新意识、提高城镇劳动者创新能力、培育青少年创新精神、营造全社会创新氛围、助推国家创新发展战略等方面的效果。

综上，首都地区科普能力定义为：首都北京立足于服务全国科技创新中心建设的核心宗旨，在创新引领、政府主导、社会参与、共享发展方针指引下，将制度完善、机制创新、传媒融合作为支撑条件，统筹人力、设施、项目等科普投入，提高新技术、新产品、新模式、新理念等科普产出，实现首都优势科技资源向科普资源转化，推进首都地区科普的信息化、产业化、国际化、智慧化，面向提升公民科学素养、营造全社会创新氛围、引领京津冀协同发展、推进创新发展战略所表现出来的综合能力。

需要强调的是，首都地区科普能力的定义不是一成不变的，需要根据时代发展和国家战略更新、调整，以不断适应社会经济发展的新形势和新要求。

2.3 首都地区科普能力的主要特征

2.3.1 体现引领性

习近平总书记视察北京时，明确指出首都北京的战略定位为“四个中心”，即全国政治中心、文化中心、国际交往中心、科技创新中心。首都地区科普能力具备与服务于“四个中心”建设、服务于国家创新驱动发展、“一带一路”、京津冀协同发展等国家重大战略全局目标相匹配的引领性特征，能够积极适应经济“新常态”的发展要求，发挥首都科普的引领示范作用和京津冀周边科普能力提升的辐射带动作用，全面助推国家科技创新战略目标实现。

2.3.2 体现时代性

在经济发展新常态背景下，“互联网+”时代的到来，社会经济发展方式正在发生着深刻的变革。首都地区科普事业正在由设施、资金、人员等投入要素驱动向着政府引导下社会资本投入、多主体参与、新技术引领、新业态建成多元要素协同驱动的方向转变，向着解决不全面、不充分科普供给侧矛盾的目标方向发展。首都地区的科普能力在服务国家创新驱动发展战略新时代要求、凸显“互联网+”“大数据”等方面体现出鲜明的时代性。

2.3.3 体现产业化

伴随着全国科技创新中心建设的全面推进，首都北京将“实施科普产业创新工程”作为“十三五”时期提升科普工作水平重点实施的八大工程之一。科普产业的健康发展，能够大幅提升科普产品和服务的供给能力，能够有效支撑首都科普事业发展。首都地区科普能力在融资多元化、机制市场化、发展规范化参与多元化等方面体现产业化特点。

2.3.4 体现国际化

国际化是科普事业未来发展的方向。首都北京正在努力打造国际化科普资源和科普产品展示、集散、交流中心，向世界展示“科普北京”风采。首都地区科普能力在推进科普资源的国际化传播、促进国际先进人才技术交流和国际智库合作，以及国际合作项目整合力等方面，体现国际化的特点。

3 “十二五”期末首都地区科普能力发展情况

为基于数据说明近年来首都科普能力建设的整体情况，根据目前公开发表的最新的北京地区科普统计数据，即《中国科普统计（2016 年版）》《北京科普统计（2016 年版）》两份文献中的数据资料，从科普人员、科普设施、科普经费、科普传媒、科普活动、创新创业等维度统计分析了“十二五”期末首都地区各个区县科普能力建设情况，通过数据了解近年来首都地区科普能力的整体建设情况。涉及区域包括东城区、西城区、朝阳区、丰台区、石景山区、海淀区、门头沟区、房山区、通州区、顺义区、昌平区、大兴区、怀柔区、平谷区、密云区、延庆区① 16 区，特别指出，崇文区、宣武区不单列分析。

3.1 科普人才队伍建设情况

3.1.1 科普人员数量

科普人员是科普事业发展的主力军，其科学素质和科普能力水平的高低对科普工作具有重要影响。科普人员一般是指具备一定科学素质和科普专业技能、从事科普实践的工作者。科普人员既包括科普管理人员、科普创作者、科技类场馆从业人员等专职人员，也包括从事科普兼职工作的科学家和注册科普志愿者。

科普队伍发展情况来看，各地区科普人员总量呈现小幅增长，且科普专职人员数量要远远低于科普兼职人员数量。从总量来看，2015 年海淀区科普从业人员（科普专职人员与科普兼职人员总和）总量最多，为 9 059人，数量上具有绝对优势；朝

① 2010 年，国务院正式批复了北京市政府关于调整首都功能核心区行政区划的请示，同意撤销北京市崇文区、东城区，设立新的东城区，以原崇文区、东城区的行政区域为新的东城区的行政区域；撤销北京市宣武区、西城区，设立新的西城区，以原宣武区、西城区的行政区域为新的西城区的行政区域。

阳区科普从业人员总数量为6 145人排名第二，比海淀区少2 914人；此外，科普从业人员总数量超过3 000人的地区有西城区、东城区、大兴区、顺义区；昌平区、丰台区、密云区、房山区、延庆区、通州区、怀柔区、平谷区、石景山区、门头沟区十区科普从业人员总量低于3 000人，门头沟区总量最少为818 人（图 3-1）。

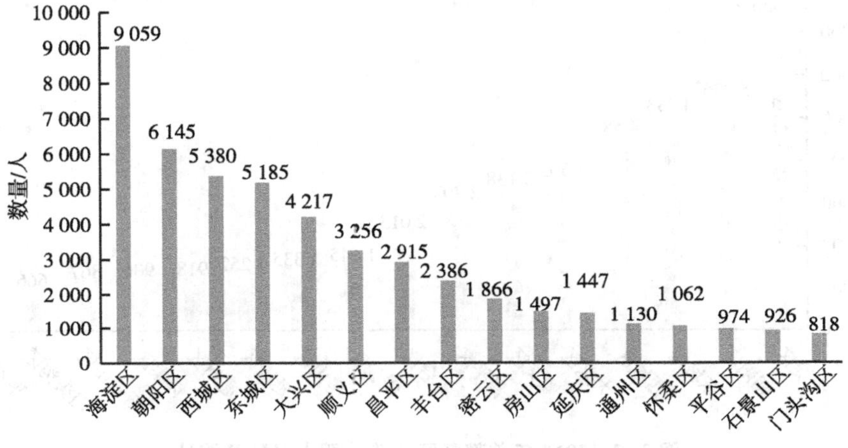

图 3-1　2015 年首都各区科普人员数量统计

当前各区域从事科普工作的以兼职为主。从地区分布来看，各地区科普专职人员数量相差较大，海淀区科普专职人员数量最多，为2 079人；石景山区科普专职人员数量最少，为 59 人；科普专职人员超过 300 人的区域分别为海淀区、朝阳区、西城区、大兴区、平谷区、东城区、丰台区（图 3-2）。各地区科普兼

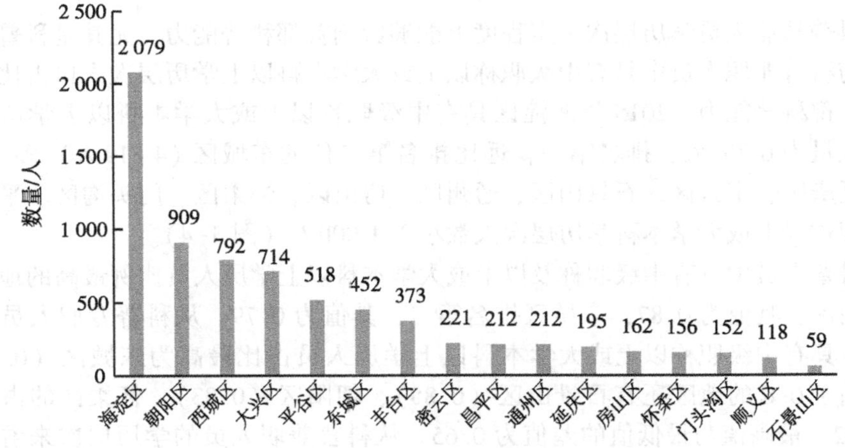

图 3-2　2015 年首都各区科普专职人员数量统计

职人员数量差距同样较大，海淀区科普兼职人员数量最多，为6 980人；平谷区科普兼职人员数量最少，为456人；兼职科普人员数量超过2 000人的地区分别为海淀区、朝阳区、东城区、西城区、大兴区、顺义区、昌平区、丰台区（图3-3）。

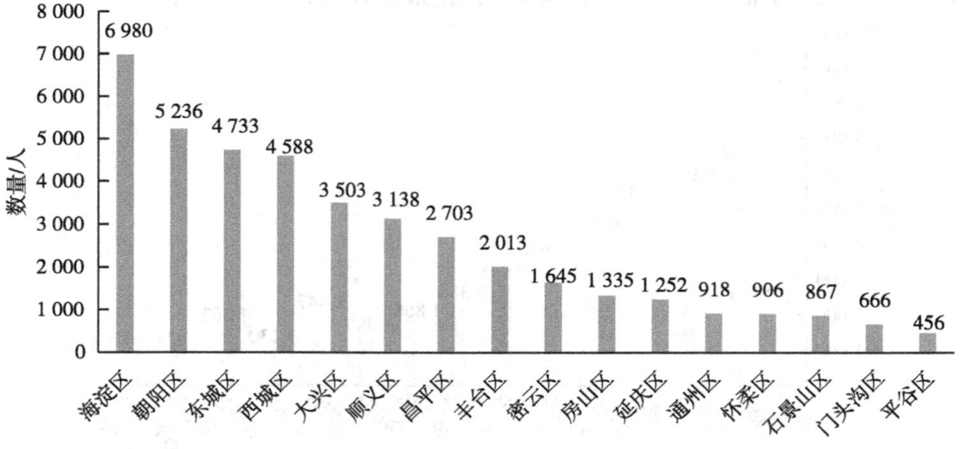

图3-3　2015年首都各区科普兼职人员数量统计

从每万人拥有的科普人员数量来看，东城区为57人/万人，排名第一；万人拥有的科普人员数量超过30人的地区还包括西城区、顺义区、密云区、延庆区；通州区万人拥有科普人员数量不足10人。

3.1.2　科普人员队伍结构

科普从业人员学历层次一定程度上能够影响首都科普能力，尤其是科普专职人员与科普兼职人员中具有中级职称以上或大学本科以上学历层次人口占比能够影响首都科普能力。2015年海淀区具有中级职称以上或大学本科以上学历层次人员数量为6 752人，排名第一，远比排名第二位的东城区（4 819人）多1 933人。延庆区、密云区、石景山区、通州区、房山区、怀柔区、门头沟区、平谷区中级职称以上或大学本科学历层次人数小于1 000人（图3-4）。

科普人员中具有中级职称及以上或大学本科以上学历人员比例最高的地区为石景山区，其值为0.87，东城区排名第二，其值为0.79。从科普专职人员构成来看，具有中级职称以上或大学本科以上学历人员占比最高为东城区（0.87），占比高于0.8的地区还有石景山区（0.85）、朝阳区（0.83），怀柔区的占比仅为0.22，最高值与最低值的差值为0.65。从科普兼职人员的学历层次来看，石景山区具有中级职称以上或大学本科以上学历人员比例最高，其值为0.87，大

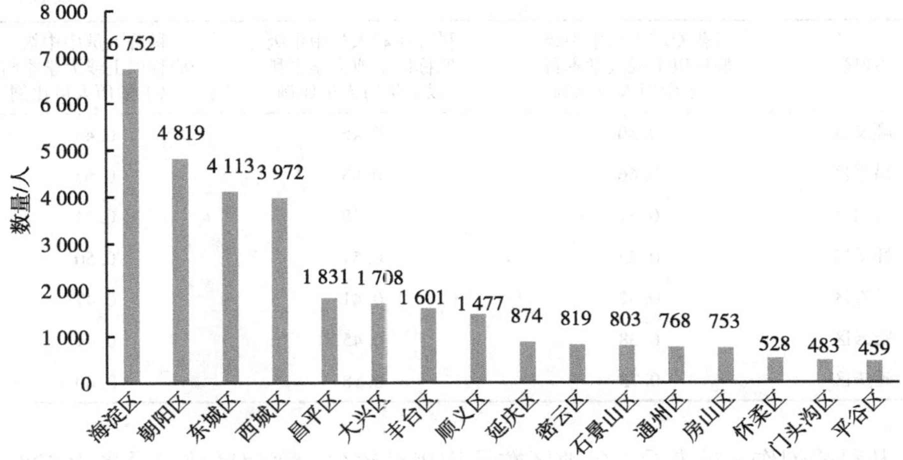

图 3-4 2015 年首都各区中级职称及以上或大学本科以上学历人员数量统计

兴区比值最低，为 0.38，最高值与最低值差值为 0.49（表 3-1）。丰台区、石景山区、通州区、怀柔区、密云区 5 个区兼职人员中具有中级职称以上或大学本科以上学历人员数量低于科普专职人员中具有的比例。总体来看，科普人员中具有中级职称以上或大学本科以上学历人员比值的排序依次为：石景山区、东城区、朝阳区、海淀区、西城区、通州区、丰台区、昌平区、延庆区、门头沟区、房山区、怀柔区、平谷区、顺义区、密云区、大兴区。

表 3-1 2015 年首都各区科普人员中中级职称以上或大学本科以上学历人员比例

地区	科普专职人员中中级职称以上或大学本科以上学历人员比例	科普兼职人员中中级职称以上或大学本科以上学历人员比例	科普人员中中级职称以上或大学本科以上学历人员比例
东城区	0.87	0.79	0.79
西城区	0.79	0.73	0.74
朝阳区	0.83	0.78	0.78
丰台区	0.65	0.68	0.67
石景山区	0.85	0.87	0.87
海淀区	0.76	0.74	0.75
门头沟区	0.72	0.56	0.59
房山区	0.58	0.49	0.50
通州区	0.61	0.69	0.68

（续表）

地区	科普专职人员中中级职称以上或大学本科以上学历人员比例	科普兼职人员中中级职称以上或大学本科以上学历人员比例	科普人员中中级职称以上或大学本科以上学历人员比例
顺义区	0.50	0.45	0.45
昌平区	0.66	0.63	0.63
大兴区	0.51	0.38	0.41
怀柔区	0.22	0.54	0.50
平谷区	0.52	0.41	0.47
密云区	0.38	0.45	0.44
延庆区	0.73	0.58	0.60

从科普创作人员来看，各地区数量均相对较少。海淀区数量最多为428人，除此以外，科普创作人员数量超过100人的地区为东城区（104）、西城区（109）、朝阳区（218）3区。石景山区、平谷区、密云区的科普创作人员均仅为1人。从科普创作人员在科普专职人员中的占比来看，昌平区科普创作人员占比最大为0.4，东城区、朝阳区、海淀区、怀柔区占比分别为0.23、0.24、0.21、0.21，其他区域比值均在0.1左右波动（表3-2）。

表3-2　2015年首都各区科普创作人员数量分布

地区	科普专职人员数量/人	科普创作人员数量/人	比值
东城区	452	104	0.23
西城区	792	109	0.14
朝阳区	909	218	0.24
丰台区	373	34	0.09
石景山区	59	1	0.02
海淀区	2079	428	0.21
门头沟区	152	12	0.08
房山区	162	17	0.10
通州区	212	8	0.04
顺义区	118	3	0.03
昌平区	212	85	0.40
大兴区	714	17	0.02

（续表）

地区	科普专职人员数量/人	科普创作人员数量/人	比值
怀柔区	156	33	0.21
平谷区	518	1	0.00
密云区	221	1	0.00
延庆区	195	13	0.07

3.2 科普基础设施建设情况

3.2.1 科普场馆数量

科普场馆主要分为科技馆、科学技术博物馆、青少年科技馆3种类型。从科技馆数量来看，首都各区数量均比较少，其中海淀区科技馆个数最多，为6个，大兴区尚未设置科技馆。从科学技术博物馆数量来看，海淀区以13个位列第一，数量超过10个的还有朝阳区（11个），通州区、平谷区、门头沟区、顺义区科学技术博物馆数量为0个。从青少年科技馆数量来看，丰台区数量最多为4个，西城区次之为3个，东城区2个，朝阳区、海淀区、昌平区、怀柔区、密云区均为1个，其他地区尚未设立青少年科技馆（图3-5）。

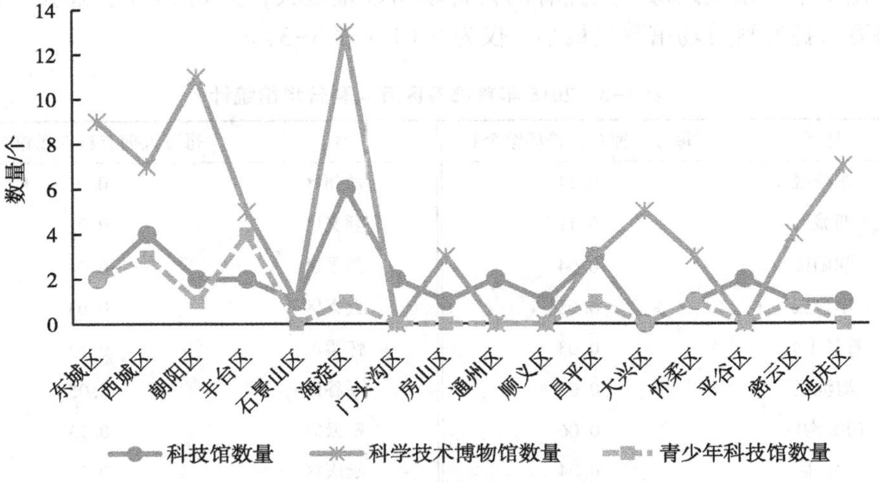

图3-5 2015年首都各区科普场馆统计

从首都地区科普场馆总量来看，海淀区拥有科普场馆（本报告中科普场馆包括科技馆、科学技术博物馆、青少年科技馆）20个，西城区、朝阳区科普场馆数量为14个排名第二，海淀区科普场馆具有明显的数量优势。房山区、通州区、石景山区、平谷区、门头沟区、顺义区科普场馆均低于5个，仅分别为海淀区的1/10~1/4（图3-6）。

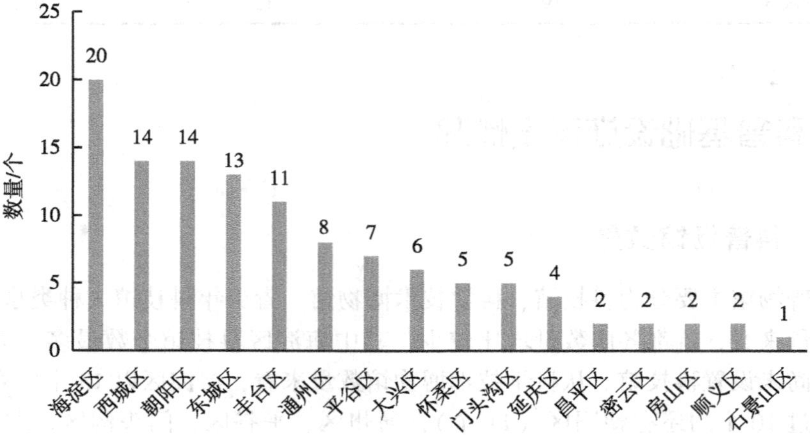

图3-6　2015年首都各区科普场馆统计

整体来看首都各地区科普场馆拥有的数量均比较少，每万人拥有科普场馆个数不足1个，东城区每万人拥有的科普场馆数量最大，为0.14个，通州、顺义区每万人拥有科普场馆数量最小，仅为0.01（表3-3）。

表3-3　2015年首都各区万人科普场馆统计

地区	每万人拥有科普场馆个数	地区	每万人拥有科普场馆个数
东城区	0.14	通州区	0.01
西城区	0.11	顺义区	0.01
朝阳区	0.04	昌平区	0.04
丰台区	0.05	大兴区	0.03
石景山区	0.03	怀柔区	0.13
海淀区	0.05	平谷区	0.05
门头沟区	0.06	密云区	0.13
房山区	0.04	延庆区	0.25

3.2.2 科普场馆面积

从科技馆展厅面积来看，海淀区为 93 030m^2远远高于其他区域，西城区面积为 16 800m^2位居第二，但海淀区面积为西城区的 5.54 倍，海淀区面积优势明显。朝阳区科学技术博物馆面积排名第一，总面积为 72 468m^2，怀柔区总面积排名第二为 50 400m^2，大兴区和密云区的场馆展厅面积分别为 5 900m^2和 4 300m^2，分别为西城区的 8%和 6%，各地区科学技术博物馆展厅面积相差较大，门头沟区、通州区、顺义区、平谷区无科学技术博物馆（表 3-4）。

表 3-4 2015 年首都各区部分科普基础设施情况

地区	科技馆总数/个	科技馆展厅面积/m^2	科学技术博物馆/个	科学技术博物馆展厅面积/m^2	青少年科技馆/个	城市社区科普活动室/个	农村科普活动室/个	科普画廊/个
东城区	2	1 320	9	36 608	2	92	0	176
西城区	4	16 800	7	18 950	3	92	0	176
朝阳区	2	4 100	11	72 468	1	176	80	283
丰台区	2	1 200	5	34 295	4	78	28	768
石景山区	1	4 200	1	4 300	0	48	0	100
海淀区	6	93 030	13	23 031	1	192	43	398
门头沟区	2	950	0	0	0	26	60	233
房山区	1	2 000	3	12 242	0	72	15	56
通州区	2	670	0	0	0	49	153	409
顺义区	1	640	0	0	0	22	119	149
昌平区	3	2 365	3	45 100	1	15	100	394
大兴区	0	0	5	20 600	0	15	100	394
怀柔区	1	430	3	50 400	1	38	199	35
平谷区	2	4 960	0	0	0	14	95	481
密云区	1	3 581	4	5 900	1	37	349	107
延庆区	1	1 220	7	22 286	0	22	359	300

从人均拥有科普场馆面积来看（图 3-7），首都各地区人均拥有的科普场馆

面积均较小。怀柔区为 1 323.79m²/万人，比排名第二位的延庆区（748.60m²/万人）高 515.19m²/万人，怀柔区绝对优势明显。排名后三位的门头沟区、顺义区、通州区人均拥有科普场馆面积不足 100m²/万人。

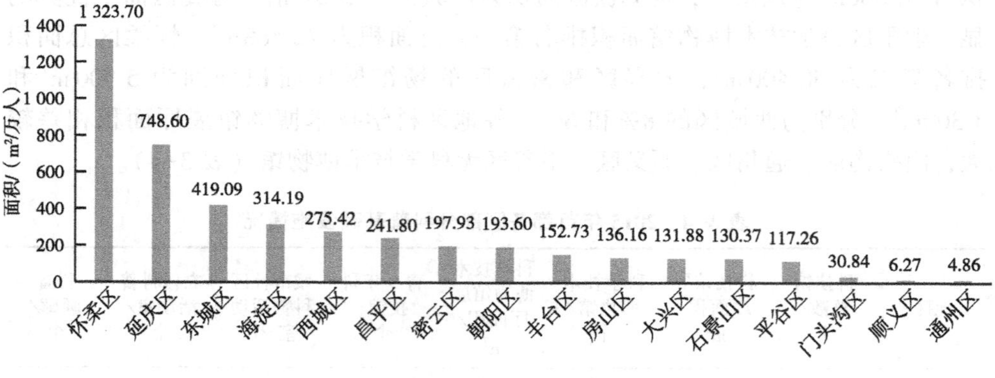

图 3-7　2015 年首都各区人均拥有科普场馆面积统计

3.2.3　公共场所科普宣传设施

首都各区均设有一定数量的城市社区科普活动室、农村科普活动室和科普画廊作为公共场所科普基础设施。从城市社区科普活动室数量来看（图 3-8），仅有海淀区、西城区的数量超过 100 个，具体数值分别为 192 个和 176 个；朝阳区、东城区、丰台区、延庆区 4 个区域数量介于 50～100；昌平区、密云区、怀

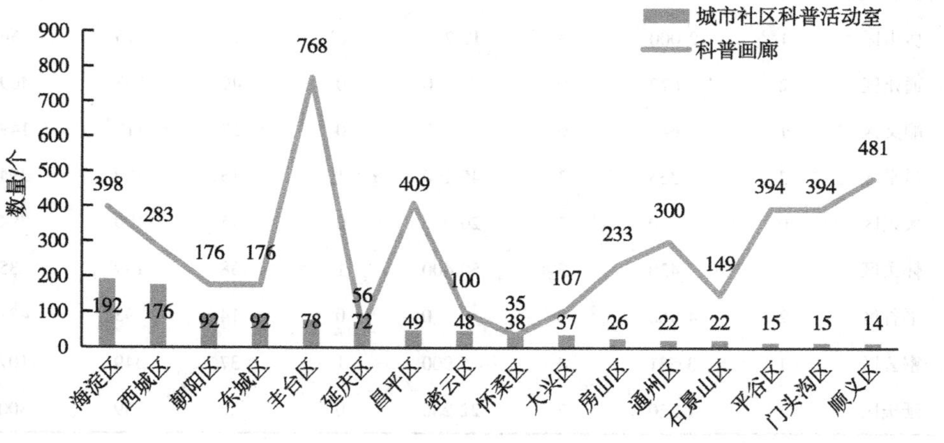

图 3-8　2015 年首都各区城市科普活动室和画廊数量统计

柔区、大兴区、房山区、通州区、石景山区、平谷区、门头沟区、顺义区共10个区域数量均低于50个。从农村科普活动室数量来看，延庆区数量最多为359个，密云区数量为349个位列第二，此外超过100个的地区有怀柔区（199个）、昌平区（100个）、大兴区（100个）、顺义区（119个）、通州区（153个）。海淀区、西城区、朝阳区、东城区、丰台区、延庆区、密云区农村科普活动室数量低于城市社区科普活动室数量（图3-9），昌平区、怀柔区、大兴区、房山区、通州区、石景山区、平谷区、门头沟区、顺义区农村科普活动室数量高于城市社区科普活动室数量，可见后者以农村科普活动室为主，且多为与前述科普场馆个数中排名较后地区。

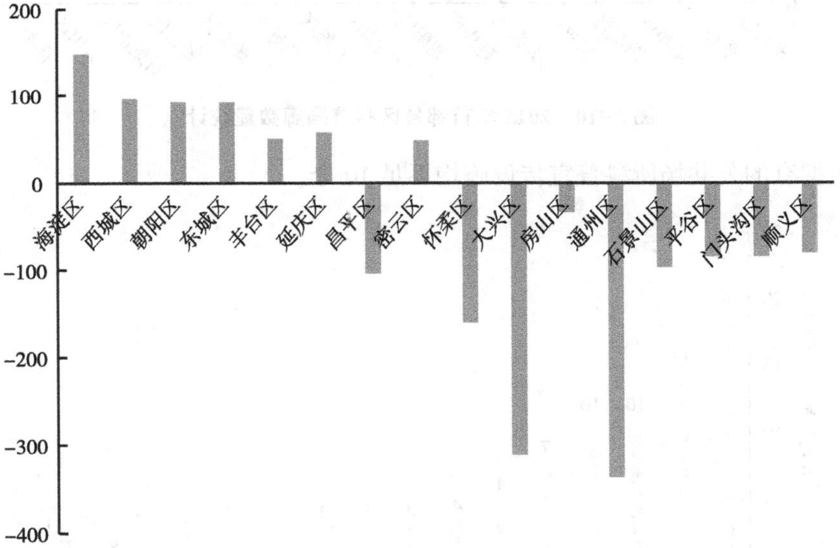

图3-9 2015年首都地区城市和农村科普活动室差值

首都各区域科普画廊个数相差较大，丰台区数量最多（768个），怀柔区数量最少（35个）（图3-10）。位列第二位的平谷区科普画廊个数为481个，比丰台区少287个，丰台区优势明显。科普画廊个数≤300个的地区分别为延庆区、朝阳区、门头沟区、东城区、西城区、顺义区、密云区、石景山区、房山区、怀柔区。

从人均公共场所科普宣传设施来看（图3-11），延庆区为22个/万人，数量为排名第二位平谷区（14个/万人）的1.57倍。怀柔区、通州区、丰台区、大兴区、东城区、顺义区、昌平区、石景山区、西城区、海淀区、房山区、朝阳区

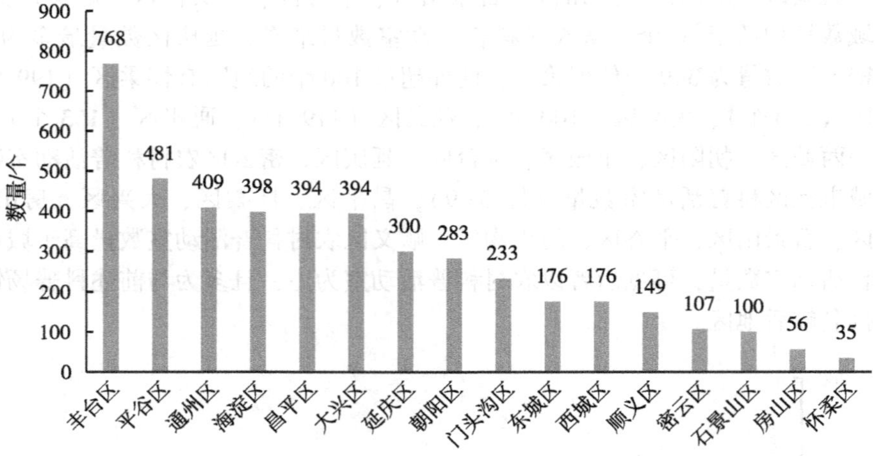

图 3-10　2015 年首都各区科普画廊数量统计

每万人拥有的公共场所科普宣传设施均不足 10 个。

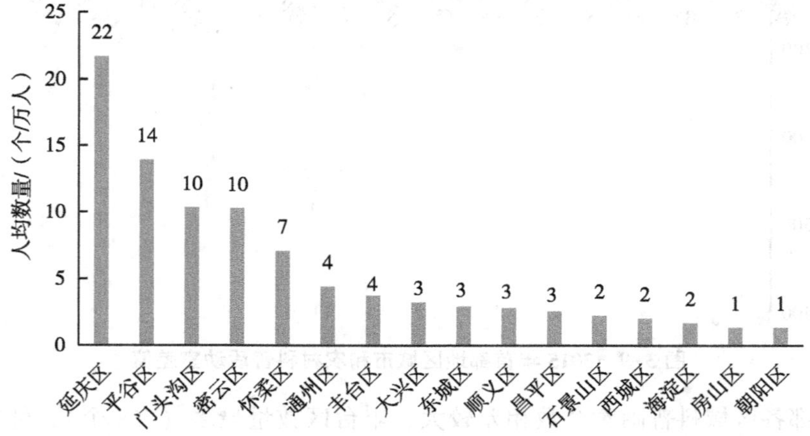

图 3-11　2015 年首都各区人均公共场所科普宣传设施统计

3.3　科普经费情况

年度科普经费筹集包括政府拨款、社会捐赠、自筹经费和其他收入 4 项。从年度地区科普经费筹集额来看，2015 年，朝阳区、丰台区、东城区、海淀区、西城区、昌平区6个区域超过10 000万元，朝阳区年度筹款总额达到89 261.05万元，数值为排名第二位丰台区（24 456.36万元）的3.65倍，优势明显。门头沟区、通州区、密云区、延庆区、怀柔区、房山区、大兴区、平谷区、顺义区2015年年度科普经费筹集额不足5 000万元。尽管如此，各地区年度科普经费筹集额占地区GDP的比例非常低（表3-5），门头沟区、延庆区占比最高为3%，进一步也说明了相对于地区GDP而言，各区科普经费投入尤显不足。

表3-5 2015年首都各区科普经费筹集占GDP的比重

地区	科普经费筹集额占地区GDP的比例	地区	科普经费筹集额占地区GDP的比例
东城区	0.01	通州区	0.01
西城区	0.00	顺义区	0.00
朝阳区	0.02	昌平区	0.02
丰台区	0.02	大兴区	0.00
石景山区	0.02	怀柔区	0.01
海淀区	0.00	平谷区	0.01
门头沟区	0.03	密云区	0.01
房山区	0.00	延庆区	0.03

总体来看，各区域年度科普经费筹集中政府拨款与年度筹款总额具有相同的变化趋势，即年度筹款总额高的区域其政府拨款也较高，除海淀区和平谷区外，其他区域政府拨款均占科普经费年度筹款总额的50%以上。海淀区年度科普经费筹集主要来自自筹资金和其他收入，平谷区科普经费筹集主要来自其他收入。

年度科普经费筹集额中政府拨款一部分为科普专项经费，从数值上来看各地区科普专项经费相差较大。朝阳区科普专项经费最高为72 200.20万元，其数值为排名第二位东城区（12 402.13万元）的5.82倍，朝阳区用于支持科普产业发展的专项经费具有数量优势。相比于朝阳区和东城区而言，密云区、房山区、延庆区、通州区、怀柔区、门头沟区、平谷区、顺义区、大兴区9区科普专项经费不足3 000万元。

地方筹集到的科普经费一部分来自政府拨款，政府拨款中专项经费占比较高（图3-12），朝阳区、石景山区科普专项经费为政府拨款的90%以上，房山区、平谷区、海淀区、延庆区、怀柔区、顺义区、西城区、东城区、密云区、通州区科普专项经费均为政府拨款主要的渠道来源。

从科普活动周经费筹集情况来看，东城区筹集总额达到1 521万元，位居区域第一，顺义区筹集总额为“个位”数字，平谷区更是无科普活动周经费筹集，地区间差距较大。从政府拨款占科普活动周筹集总额的比例来看（图3-13），排除平谷区尚无科普活动周经费筹集，通州区比值为54.29%，其他区域的占比均高于70%，石景山区、顺义区、门头沟区科普活动周经费筹集全部来自政府拨款。

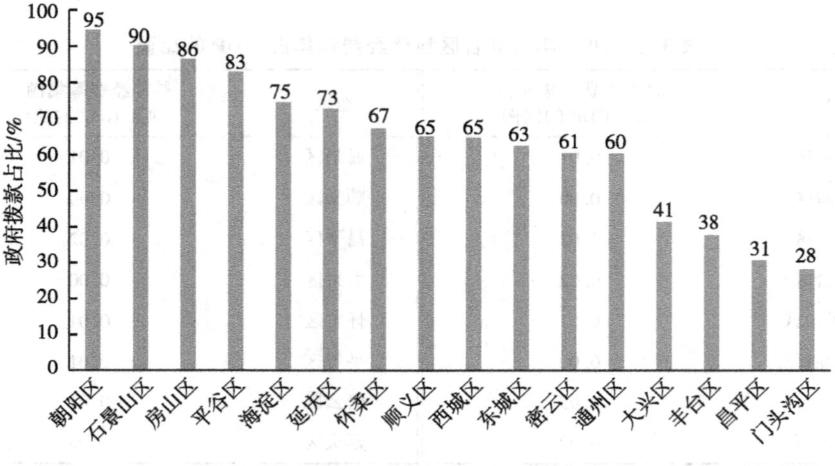

图3-12　2015年首都各区政府拨款占地区科普经费来源比例

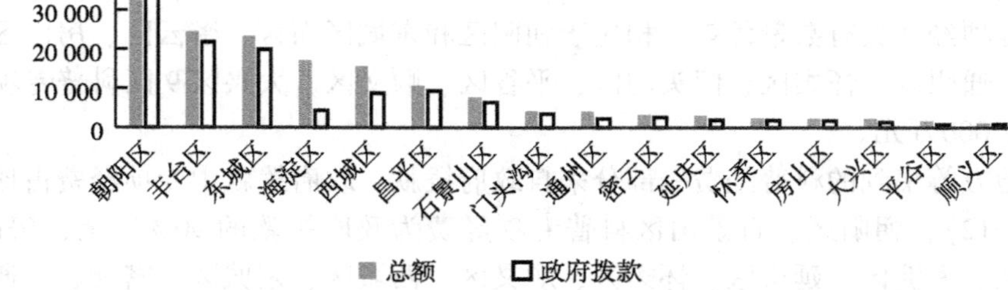

图3-13　2015年首都各区科普经费筹集情况

年度科普经费使用额包括行政支出、科普活动支出、科普场馆基建支出(包括政府拨款支出，场馆建设支出，展品、设施支出)、其他支出。科普活动支出的数值一定程度上能够影响科普的产出，一般情况下用于科普活动支出的额度越大，科普活动效果的预期会倾向于更优。从各区域科普活动支出情况来看，朝阳区支出额为66 798.82万元，比其余15个区域总和还要高出7 274.50万元，绝对优势显著（图3-14、表3-6）。

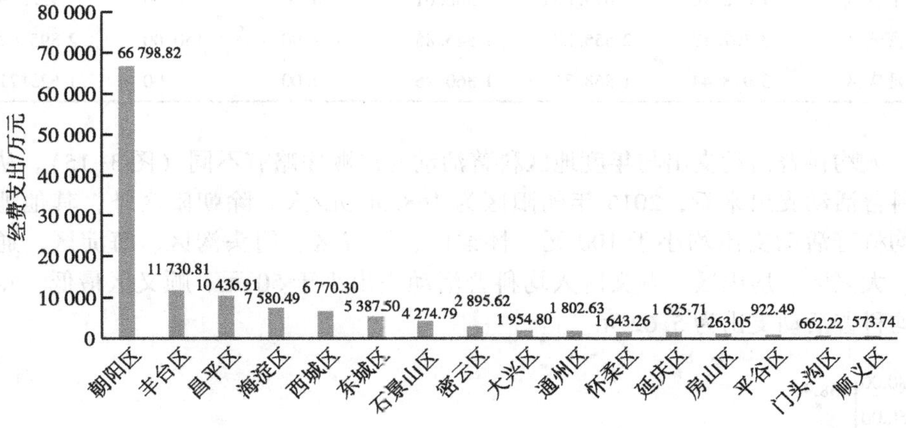

图3-14 2015年首都各区年度科普经费支出情况

表3-6 2015年首都各区年度、科普活动周经费筹集情况 单位：万元

地区	年度科普经费筹集			科普活动周经费筹集		科普活动支出
	总额	政府拨款	科普专项经费	总额	政府拨款	
东城区	23 338.42	19 825.32	12 402.13	1 521.00	1 504.00	5 387.50
西城区	15 647.41	8 723.98	5 656.35	281.08	252.08	6 770.30
朝阳区	89 261.05	76 362.39	72 200.20	775.93	578.23	66 798.82
丰台区	24 456.36	21 701.87	8 199.89	893.60	862.50	11 730.81
石景山区	7 718.48	6 364.69	5 747.85	128.00	128.00	4 274.79
海淀区	17 052.80	4 263.18	3 181.81	124.00	115.00	7 580.49
门头沟区	4 212.08	3 446.98	976.40	20.60	20.60	662.22
房山区	2 314.28	1 699.42	1 469.62	10.00	7.00	1 263.05
通州区	4 088.52	2 187.19	1 321.72	48.12	26.12	1 802.63
顺义区	1 114.49	884.38	576.50	3.00	3.00	573.74

（续表）

地区	年度科普经费筹集			科普活动周经费筹集		科普活动支出
	总额	政府拨款	科普专项经费	总额	政府拨款	
昌平区	10 727.51	9 314.16	2 868.53	147.94	137.04	10 436.91
大兴区	2 272.54	1 345.33	557.31	10.31	8.43	1 954.80
怀柔区	2 369.22	1 786.99	1 205.07	23.70	20.50	1 643.26
平谷区	1 652.96	699.83	580.61	0.00	0.00	922.49
密云区	3 307.13	2 555.23	1 546.85	157.00	150.00	2 895.62
延庆区	3 088.44	1 868.36	1 360.96	12.00	1.00	1 625.71

人均科普活动支出与年度地区科普活动支出顺序略有不同（图3-15）。从人均科普活动支出来看，2015 年朝阳区为 168.90 元/人。除朝阳区外，其他地区人均科普活动支出均小于 100 元。怀柔区、平谷区、门头沟区、海淀区、通州区、大兴区、房山区、顺义区人均科普活动支出小于 50 元。顺义区最低，年度人均科普活动支出为 5.62 元。

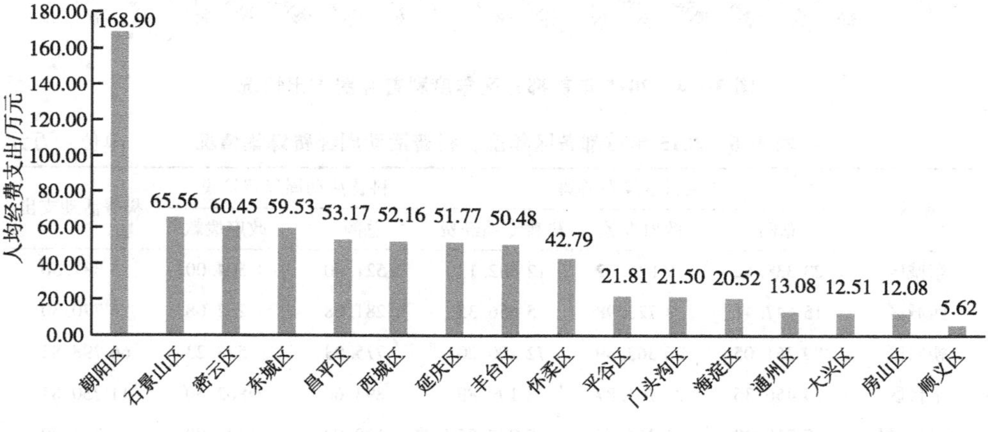

图 3-15　2015 年首都各区人均科普活动经费支出情况

3.4　科普传媒情况

科普传媒主要包括科普图书、科普期刊、科普音像制品、科技类报纸、电视台科普、电台科普、科普网站、科普读物和资料等。从表 3-7 可明显看出，首都2015年海淀区科普图书年出版总册数明显高于其余15个区域，平谷区、密云区无科普图书出版，海淀地区科普图书年出版总册数量最多为57 644 376册，占首都地区总发行量的78.59%。朝阳区科普期刊2015年出版总册数最多，其数值为11 347 411册，占首都地区2015年科普期刊出版总册数的58.96%，而顺义区、大兴区、怀柔区、密云区、延庆区科普期刊年出版册数为0。

从电视台科普情况来看，2015年海淀区播出时长为7 262小时，电视台播出时长超过1 000小时的还有东城区、朝阳区两区，石景山区、房山区、通州区、平谷区、密云区5区电视台科普播出时长均小于50小时。从电台科普情况来看，西城区时间最长为6 976小时，石景山区仅次其后为4 661小时，两区电台播出时长占首都地区总时长的71.63%，门头沟区、房山区、通州区、大兴区、平谷区、密云区、延庆区电台科普节目播出时间小于20小时。

表3-7 2015年首都各区科普传媒分布

地区	科普图书年出版总册数	科普期刊年出版总册数	电视台科普节目时长/时	电台科普节目时间/时	科普网站数/个
东城区	1 616 400	2 449 702	4 966	657	84
西城区	6 162 735	2 382 405	270	6 976	39
朝阳区	7 445 783	11 347 411	3 502	518	54
丰台区	38 600	512 600	574	332	7
石景山区	900	37 600	38	4 661	14
海淀区	57 644 376	2 309 600	7 262	1 743	71
门头沟区	91 000	20 000	134	0	4
房山区	129 000	20 000	44	2	4
通州区	9 500	1 000	24	12	3
顺义区	100 000	0	284	1 118	1
昌平区	26 100	12 712	229	80	19
大兴区	50 000	0	189	3	7
怀柔区	2 000	0	351	109	20
平谷区	0	152 000	6	0	5
密云区	0	0	35	17	6
延庆区	28 200	0	932	19	5

各地均建立科普网站运用到科普传媒中，单从数量来看，东城区、海淀区、

朝阳区、西城区、怀柔区、昌平区、石景山区7区科普网站数量大于10个，其余9区科普数量小于10个。东城区科普网站数量最高为84个，顺义区科普网站数量最低仅为1个（图3-16）。

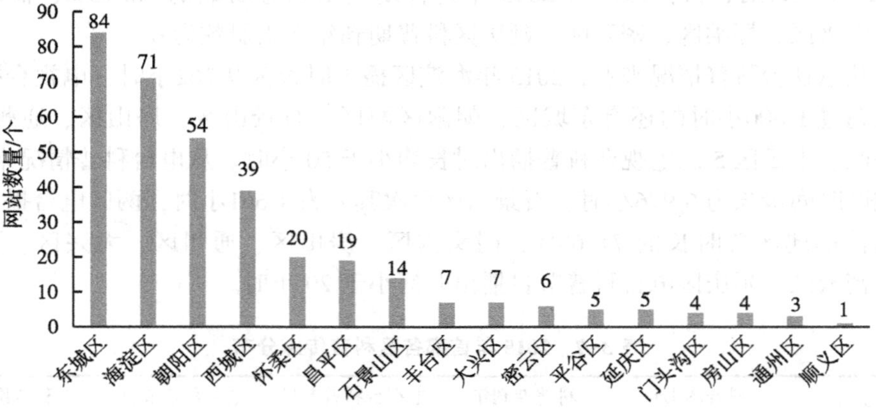

图3-16　2015年首都各区科普网站数量统计

3.5　科普活动情况

本书中科普活动是指参加科普讲座、科普展览、科普竞赛、科普活动周，以及参观科技馆、科学技术博物馆等展览馆的活动。

从表3-8来看，各地区参加科普讲座人次各地区相差较大，密云区参加人次最多为1 191 092人，海淀次之为902 944人，怀柔区、丰台区、顺义区、房山区、延庆区、石景山区、昌平区、平谷区、通州区、大兴区、门头沟区参加科普讲座少于500 000人次。从参加科普展览人数来看，海淀区人数最多为29 048 862人次，明显高于其他地区，其数值为排名第二西城区（8 601 866人）的3.38倍，平谷区参加科普展览人数最少为22 703人次，其数值仅为海淀区的万分之七。石景山区、门头沟区、通州区、怀柔区、平谷区、密云区6区参加科普讲座人数要高于参加科普展览的人次，且密云区参加科普讲座人次为参加科普展览人次的10.06倍。东城区、西城区、朝阳区、丰台区、海淀区、房山区、顺义区、昌平区、大兴区、延庆区参加科普展览人次明显高于参加科普讲座人次，东城区、西城区、海淀区3地参加科普讲座人次仅为参加科普展览人次的1%，一定程度上说明相对于科普讲座此类地区的民众热衷于科普展览。从科普竞赛参加人数来看，2015 年西城区的参加人次最多，为 82 323 413人次，远高于其余区域。平谷区科普竞赛参加人次最少，为 4 665人次，西城区参加人次为平谷区的 17 647倍，极值之间相差悬殊。进一步研究发现，西城区科普竞赛参加人数占到首都整个地区的 97.23%。图 3-17 所示为各地区每万人参观科普场馆次数，西城区参观人次显著高于其他地区，各地区均差较大。

表 3-8 2015 年首都地区科普活动参与情况

地区	科普（技）讲座参加人次	科普（技）展览参观人次	科普（技）竞赛参加人次	科技馆参观人次	科学技术博物馆参观人次
东城区	515 178	5 345 380	643 926	18 251	1 943 310
西城区	587 335	8 601 866	82 323 413	773 500	2 780 741
朝阳区	886 122	1 822 818	738 243	178 493	1 651 334
丰台区	213 230	1 286 466	61 853	101 500	996 204
石景山区	132 176	64 320	29 813	30 000	6 096
海淀区	902 944	29 048 862	311 722	3 483 463	717 923
门头沟区	74 463	39 328	18 384	10 000	0
房山区	151 526	204 331	17 311	3 000	388 663
通州区	95 479	52 535	36 437	7 000	0
顺义区	163 438	317 687	85 057	4 600	0
昌平区	110 791	378 892	6 187	6 200	1 217 500
大兴区	80 076	134 993	12 897	0	694 000
怀柔区	308 874	246 045	152 211	200 000	330 000
平谷区	100 256	22 703	4 665	22 600	0
密云区	1 191 092	118 456	191 799	0	161 417
延庆区	141 334	1 031 651	34 343	10 000	896 114

此外，2015 年科技馆参观人数和科学技术博物馆参观人数在地区之间差异明显，除门头沟区、通州区、顺义区、大兴区、平谷区、密云区等可能存在科技馆或科学技术博物馆的 6 个地区外，石景山区和海淀区科学技术博物馆参观人数小于科技馆参观人数，其余 8 个地区科技馆参观人数更胜一筹。

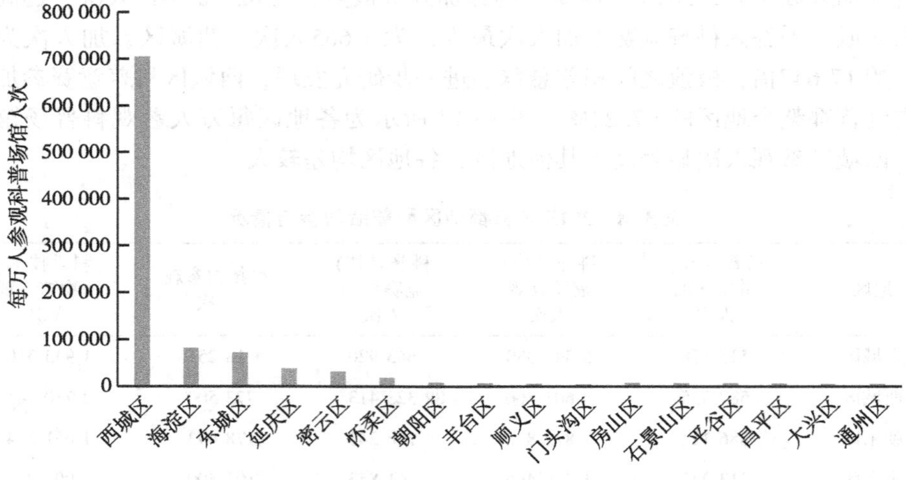

图 3-17　2015 年首都地区每万人参观科普场馆人次

3.6　创新创业情况

由于门头沟区、大兴区、怀柔区、平谷区、密云区、延庆区 6 区在相关分析指标上数值为 0，因此后续分析中将其排除在外。科普活动更加助力“创新创业”，首都各地区拥有的众创空间数量差距较大，朝阳区个数为 215 个，西城区、海淀区分别拥有 21 个和 17 个，其他地区数量均小于 10，可见朝阳区众创活动的主要阵地。就办公场所建筑面积而言依旧是朝阳区具有明显优势，通州区办公场所建筑面积最小，其值为 200m^2。就单个众创空间平均面积而言（图 3-18），顺义区居第一位，单位面积为 30 000m^2；昌平区居第二位，单位面积为 26 810m^2；第三位为石景山区，单位面积仅为昌平区的 33%。众创空间个数和办公场所建筑面积位于首位的朝阳区的单个众创办公场所的建筑面积仅为 751m^2，“小而多”是朝阳区的主要特征。

海淀区创新创业工作人员数量最多为 188 人（表 3-9），超过 100 人的区域还有昌平区 102 人、朝阳区 143 人，其余地区均低于 100 人。朝阳区拥有的创业导师数量最多，数值为 194 人，超过百人的地区还有石景山 145 人、西城区 114 人；顺义区、东城区、通州区创业导师数量均为个位数字。石景山区服务创业人员数量为 2 757人，占首都地区总人数的 40%，此外朝阳区、海淀区服务创业人员数量也均超过千人。

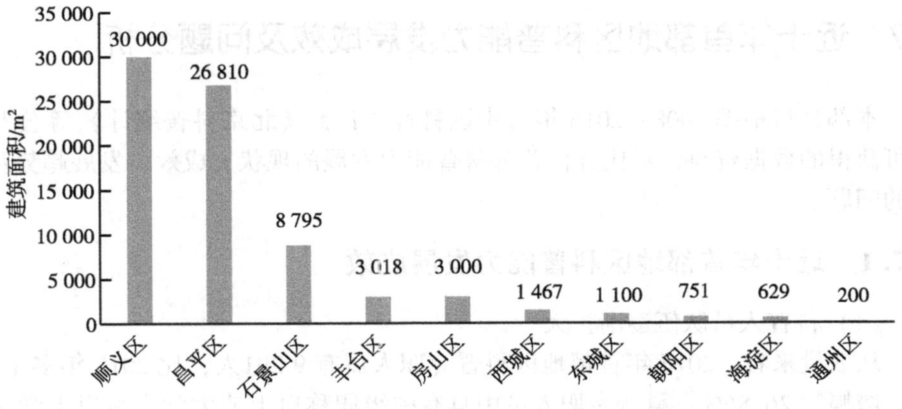

图 3-18 2015 年首都各区平均创新创业办公场所面积

表 3-9 2015 年首都地区“双创”基本情况

地区	众创空间数量/个	办公场所建筑面积/m²	工作人员数量/人	创业导师数量/人	服务创业人员数量/人
东城区	1	1 100	8	4	12
西城区	21	30 800	42	114	445
朝阳区	215	161 540	143	194	1 202
丰台区	3	9 054	82	28	610
石景山区	8	70 360	79	145	2 757
海淀区	17	10 692	188	96	1 029
门头沟区	0	0	0	0	0
房山区	2	6 000	80	12	60
通州区	1	200	15	2	15
顺义区	2	60 000	40	7	15
昌平区	4	107 240	102	96	818
大兴区	0	0	0	0	0
怀柔区	0	0	0	0	0
平谷区	0	0	0	0	0
密云区	0	0	0	0	0
延庆区	0	0	0	0	0

3.7 近十年首都地区科普能力发展成效及问题分析

本部分将根据2008—2016年《中国科普统计》《北京科普统计》等公开发表可获得的数据资料，对比分析首都科普能力发展的现状、成效、发展趋势及存在的问题。

3.7.1 近十年首都地区科普能力发展成效

（1）科普人员队伍逐渐扩大

从数量来看，2016年首都地区科普专职人员有9 291人，比2015年多1 967人，增幅为26.86%；科普专职人员中具有中级职称以上或大学本科以上学历人员6 586人，比2015年增加1 516人，增幅为29.90%；2016年具有中级职称以上或大学本科学历人员数量占科普专职人员的71%，较2015年增加2%；科普管理人员1 852人，科普创作人员1 323人，比2015年增加239人。科普兼职人员共计45 669人，比2015年增加4 730人，增幅为11.55%；兼职人员中具有中级职称以上或大学本科以上学历人员共计30 026人，比2015年增加3 336人，增幅为12.50%；科普年度实际投入工作量18 174人月，比2015年下降28 762人月，降幅为61.28%；注册科普志愿者56 414人，比2015年增长32 331人，增长1.34倍。

近十年科普人员数量变动情况。2008—2016年，首都科普人员（专职人员和兼职人员数量总和）总量呈现明显“M”形波动，2008年以来，虽然部分年份科普人员总数出现下滑，但整体呈现稳步增长态势，科普人员总人数从2008年的43 076人上升到2016年的54 960人，增长27%（图3-19）。具体来看，2011年科普人员人数最低为38 343人，其余年份均高于4万人，并在2016年总数首次突破5万人，达到10年来最高值。科普专职人员人数整体也呈现增长趋势，从2008年的5 844人上升到2016年的9 291人，增长59%，2016年为近十年的最大值。科普兼职人员人数从2008年的37 232人上升到2016年的45 669人，增长22.7%，其中2016年兼职人数最多。

从科普人员学历层次来看（表3-10），科普专职人员中，具有中级职称以上或大学本科以上学历人员比例整体呈现增长趋势，且保持在70%左右，从2008年比例的62%上升至2016年的71%，其中2016年的高学历人员比例最大；科普专职人员中创作人员比例较低，近年来呈现小幅度下降趋势。2012年、2013年创作人员比例均为20%，到2016年科普创作人员比例占专职人员的14%。科普

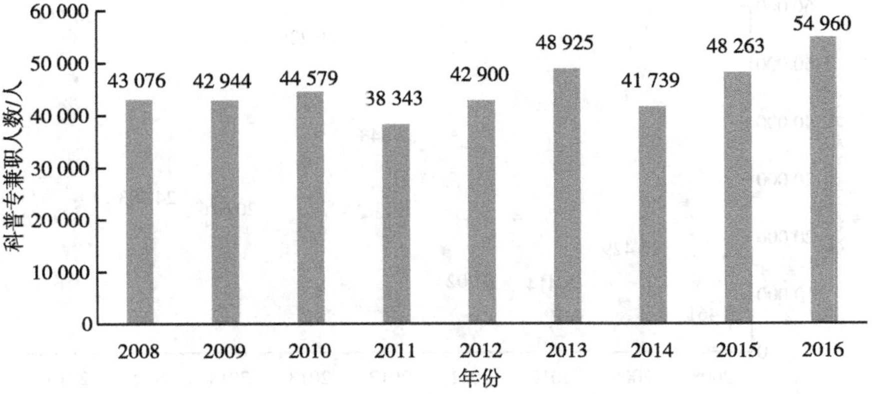

图 3-19 2008—2016 年北京科普专兼职人数统计

兼职人员中，具有中级职称以上或大学本科以上学历人员比例低于科普专职人员中的比例，但十年来总体呈现增长趋势，从 2008 年此比例为 54%至 2016 年的 66%，增长 22%，达到近十年来最大值；注册科普志愿者数量波动较大，呈现周期性特点，并于 2013 年和 2016 年注册人数两次达到峰值，两年的注册人数分别为 50 236人和 56 414人（图 3-20）。

表 3-10 2008—2016 年北京地区科普人员中高学历人员和创作人员占比 单位:%

分类	年份								
	2008	2009	2010	2011	2012	2013	2014	2015	2016
科普专职人员中级职称以上或大学本科以上学历人员	62	69	68	68	68	63	70	69	71
科普专职人员中创作人员	13	20	22	18	20	20	16	15	14
科普兼职人员中级职称以上或大学本科以上学历人员	54	56	59	64	63	63	62	65	66

（2）科普基础设施日渐完善

科技馆是为公众提供科普服务，进行科技传播的专门场所，拥有丰富的基础设施和展教资源。2016 年北京科技馆总数 30 个，建筑面积 26. 6 万 m^2，展厅面积 14. 9 万 m^2（图 3-21），当年参观人数 479. 9 万人次。科学技术博物馆 74 个，建筑面积 88. 9 万 m^2，展厅面积 32. 5 万 m^2（图 3-22），当年参观人数 150. 07 万人次。青少年科技馆 17 个，城市社区科普（技）专用活动室 1 297个，农村科普（技）活动场地 2 065个，科普宣传专用车 53 辆，科普画廊 5 335个。十年来

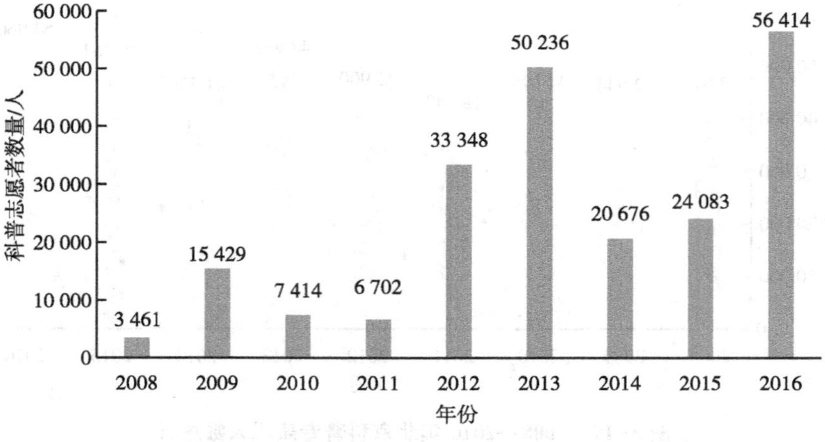

图 3-20　2008—2016 年北京地区注册科普志愿者数量统计

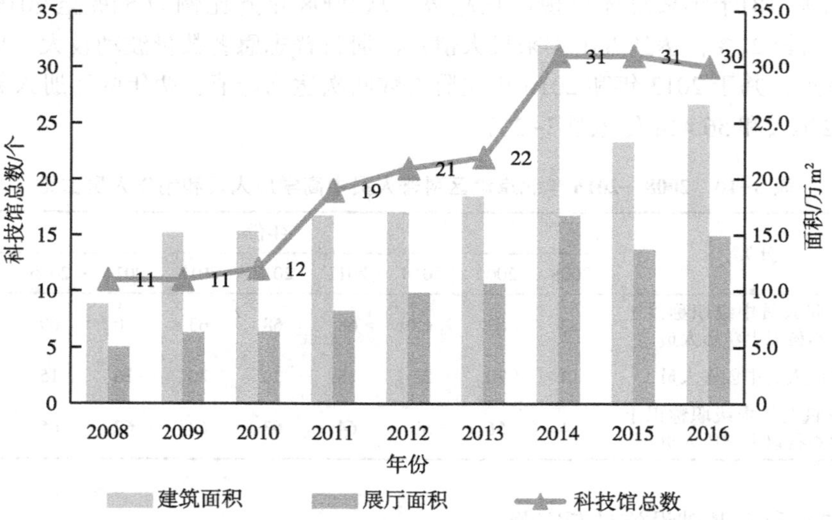

图 3-21　2008—2016 年北京科技馆建设情况

首都地区的科普基础设施建设逐渐完善。科技馆总数量从 2008 年的 11 个到 2016 年增长到 30 个保持年度增长趋势，2014 年以后增速放缓；2014 年科技馆建筑面积为 319 979m^2 达到十年来的顶峰，整体来看除去 2014 年的峰值年份，其余年份建筑面积逐年增长；同建筑面积变化趋势相同，科技馆的展厅面积也呈现逐年增长，且 2014 年展厅面积达到最大值为 167 501m^2。十年来科学技术博物馆数量

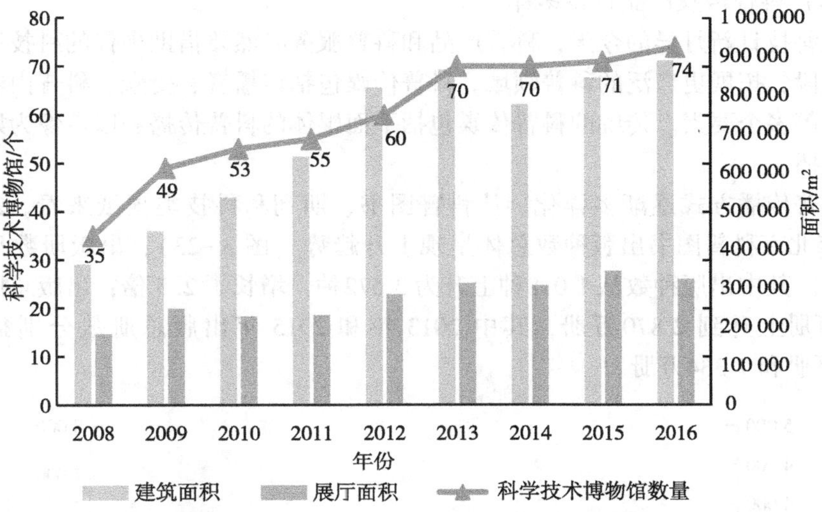

图 3-22 2008—2016 年北京博物馆建设情况

逐年增长，2016 年个数最多，数量为 74 个；建筑面积和展厅面积总体也呈增长态势，但近年来增速有所放缓。

（3）科普经费投入逐年提高

首都地区科普年度经费筹集额呈现波动增长趋势，科普经费投入不断加大。2008 年年度科普经费筹集额高达 1 343 404万元，为历年来最高值，其中政府拨款高达 1 107 453万元，科普活动周经费筹集额为 27 933万元。2009 年年度经费筹集额为 177 933. 10万元，后保持增长趋势，2016 年度科普经费筹集额 251 204万元，增幅为 41. 2%，其中政府拨款 180 408万元，社会捐赠 4 053万元，自筹资金 54 807万元，其他收入 12 003万元。政府每年设置科普专项经费用于支持首都地区科普事业发展，从 2009 年到 2016 年此经费逐年增加，其数值也从 54 736. 97万元增长到 126 305万元，增幅为 131%，专项经费额度达到了新高度。科普活动周作为科普活动的重要形式，2016 年经费筹集额为 3 937万元，其中政府拨款为 3 454万元，政府拨款是科普活动周最主要的经费来源。

科普经费使用与科普经费筹集具有相同的变化趋势，2016 年首都市年度科普经费使用额 233 118万元，其中行政支出 30 424万元，科普活动支出 144 325万元，科普场馆基建支出 31 883万元，其中政府拨款支出 13 475万元，场馆建设支出 12 838万元，展品、设施支出 13 836万元。

（4）科普传媒产品日益多样

在科技日新月异的今天，科普产品和科普服务必然要借助现代的科技手段和传播手段，拓展更广泛的科普领域。科普传媒包括传播者、受众、科普内容、传播渠道等多个要素。传统的科普传媒包括平面媒体的科普传播和以声像为媒体的科普传播。

科普传播方式逐渐多样化。从科普图书、期刊和科技类报纸来看。2008—2016 年北京科普图书出版种数总体呈现上升趋势（图 3-23），出版册数呈现明显波动。其中出版种数从 1 018种上升为 3 572种，增长了 2.5 倍；出版总册数从 1 611万册上升到 2 870万册，其中 2013 年和 2015 年出版总册数分别猛增至 5 159万册和 7 334万册。

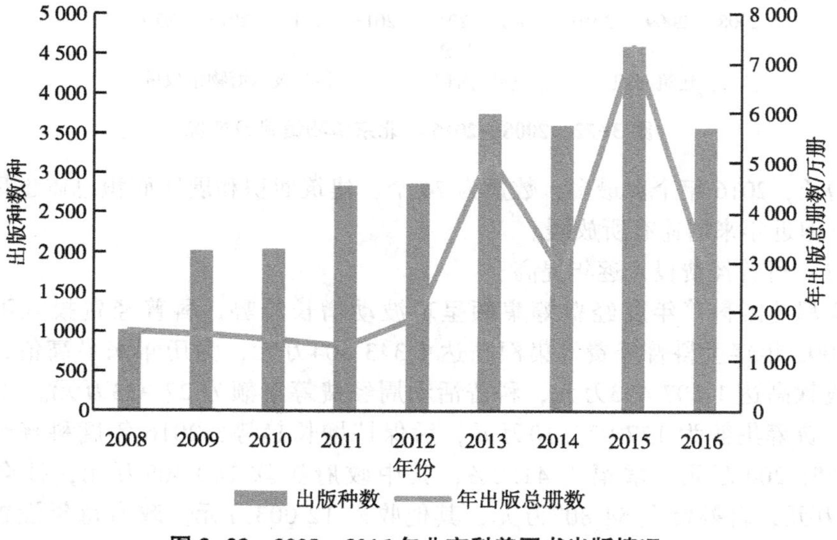

图 3-23　2008—2016 年北京科普图书出版情况

从 2008—2016 年首都地区科普期刊的出版情况来看，科普期刊出版种数和出版总册数呈现“N”形波动趋势。其中 2016 年的科普期刊出版种数和出版总册数分别为 130 种和 370 万册，分别为 2008 年的 2.13 倍、1.64 倍。科技类报纸发行份数数量近 10 年来呈现明显的波动。

新媒体环境下，科普网站成为科技传播的重要领域之一，具有资源空间、交流速度、资源共享等多方面的优势条件。科普产品整体来看呈现递增趋势，但相对而言科普网站速度增长较慢，由 2008 年的 185 个增加到 2016 年的 359 个，增长 94%（图 3-24）。

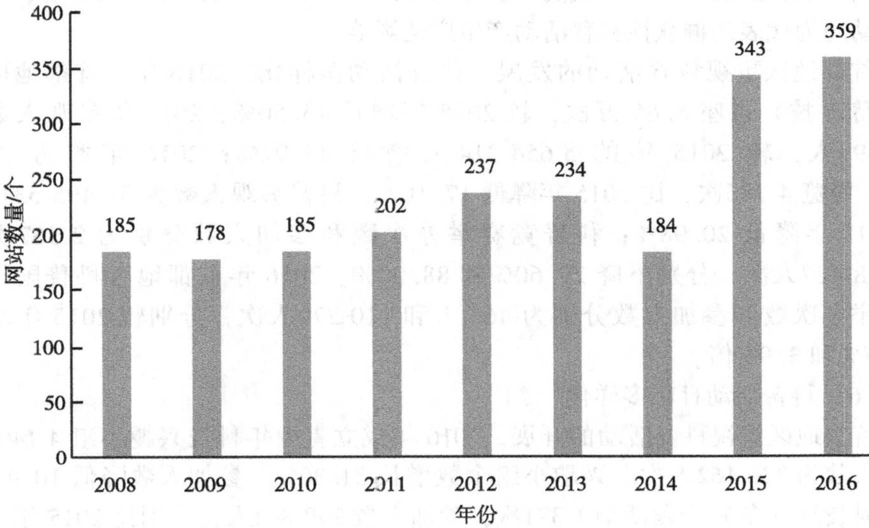

图 3-24 2008—2016 年北京科普网站数量统计

随着互联网发展，首都地区科普新媒体发展显著。2015 年，首都北京专业科普网站 343 个，位居全国之首。移动网络“两微一端”日益繁荣。至 2017 年 6 月，北京市科协运维的京科普微博粉丝数为 18 000 余人，阅读量超过 2 227 000次；京科普微信公众号粉丝数 2 300多人，阅读人数 44 000人，阅读次数 124 000左右。2016 年北京市科委着手建设“科普北京”微信公众号，建立起了“线上”+“线下”的推广渠道。依托社区科普益民计划，推动社区全媒体科普视窗、科普网络书屋、虚拟现实体验中心等科普信息化设施建设。大力推动“科普中国”平台的建设完善，探索建设具有承上启下功能的科普中国落地服务平台——科普中央厨房，生产具有首都特色的科普产品；利用“科普大屏”促进“科普中国”落地应用。截至 2017 年 6 月，首都地区可播放科普内容的大屏 1 290块，分布于 12 个区，累计播放科普中国资源 800 余部；以历年获得全国和北京市基层行动计划奖补的社区、农村、农业技术协会为重点推进“科普中国 e 站”建设；开展“科普中国”百城千校万村行动工作，扩大“科普中国”的影响力。

（5）科普活动覆盖不断加大

《中华人民共和国科学技术普及》界定科普活动为“国家和社会普及科学技术知识、倡导科学方法、传播科学思想、弘扬科学精神的活动。开展科学技术普及应当采取公众易于理解、接受、参与的方式”。科普活动深受大众喜爱，以科普活动周为代表的群众性科普活动产生广泛影响。

首都地区重视科普活动的发展，科普活动多样化。2016 年，首都地区举办科普（技）讲座 6. 65 万次，较 2015 年增长 43. 50%；2016 年参观人数为 813 699人，较 2015 年的 5 654 314 人增长 43. 91%；2016 年举办科普（技）展览 4 286次，比 2015 年降低 17. 10%，科普参观人数为 38 495 531人，较 2015 年降低 20. 98%；科普竞赛举办次数和参加人数分别为 2 367次和 10 158 427人次，分别下降 29. 60%和 88. 00%。2016 年首都地区科普国际交流的举办次数和参加人数分别为 466 人和 110 272人次，分别较 2015 年增长 35. 07%和 3. 93 倍。

（6）科普活动日趋多样化

首都地区重视科普活动的开展，2016 年成立青少年科技兴趣小组 4 140个，参加人数为 330 162人次，兴趣小组个数增长 31. 30%，参加人数降低 10. 96%；举办科技夏（冬）令营活动 1 371次，参加人数 249 884人，分别比 2015 年提高了 7%和 19. 08%；作为最知名的科普活动周，全国共举办专题活动次数为 6 774次，参与其中的人数为 58 536 108人；大学、科研机构和社会继续加大开放力度，开放单位和参观人次均稳定增加，2016 年大学、科研机构向社会开放的单位和参观人数分别为 807 个和 750 011 人次，分别比 2015 年增加 54. 30% 和 52. 47%（图 3-25）。2016 年举办实用技术培训 15 412次，参加人次为 932 430人，分别比 2015 年增加 7. 7%和 14. 95%。重大科普活动次数为 633 次，较 2015 年有所下降。

（7）创新创业成绩显著

首都地区鼓励双创活动，服务全国科技创新中心形成新定位。2016 年北京众创空间数量达到 333 个，比 2015 年增加 59 个，从分布来看，主要集中在首都的核心区，朝阳区个数为 215 个，西城区、海淀区分别拥有 21 个和 17 个，其他地区数量均小于 10 个。服务创业人员数量增长较快，2016 年为 47 509人次，服务创业人员数量为 2015 年的 6. 82 倍。从政府扶持创新创业资金来看，2016 年金额达到 30 865万元，为 2015 年的 7. 36 倍。创新创业孵化科技类项目数量大幅增长，2016 年为 6 879个，较 2015 年增加 6 058个，增长 7. 34 倍。创新创业培训 2 784次，较 2015 年增加 1 261次。创新创业培训参加人次从 2015 年的 94 505人增加到 2016 年的 373 646人次。科技类创新创业赛事参加人次从 2015 年的 54 882人增加到 2016 年的 143 809人。

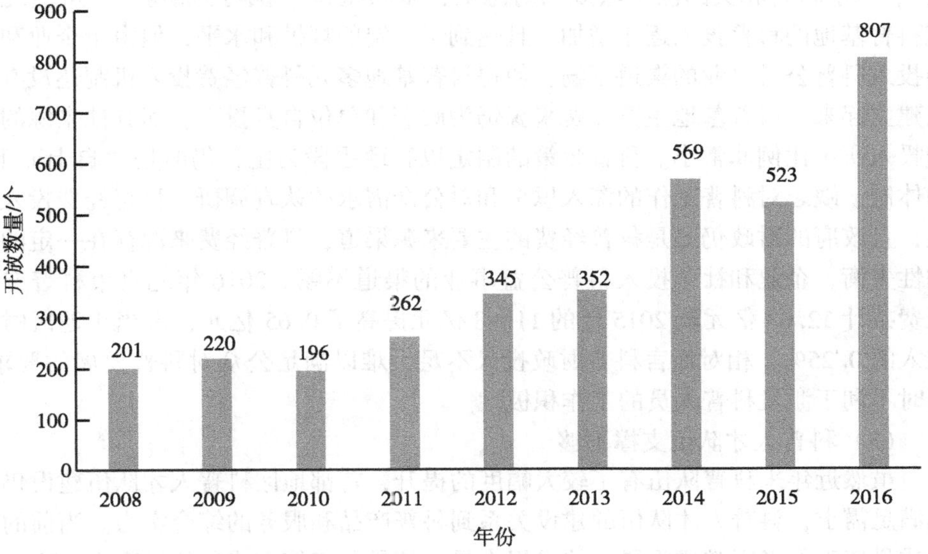

图 3-25 2008—2016 年首都地区大学、科研机构向社会开放数量统计

3.7.2 首都地区科普能力建设存在的问题

当前首都地区科普事业发展取得了显著的成效，进展突出，在全国处于领先地位，但随着全国科技创新中心建设的全面推进，全市科技传播工作面临的新形势和要求，民众对科普产品和科普服务的需求与北京市对科普产品和科普供给之间存在着不均衡的问题，表现如下。

（1）地区间发展不平衡

从绝对值角度来看，首都地区各区县科普能力发展水平存在较大差异，海淀区、朝阳区、东城区、西城区、大兴区发展相对较好，石景山区、门头沟区、平谷区发展较为落后，总的来说郊区科普能力绝对水平较差。各地区科普能力发展的严重不均衡一定程度上也影响了首都地区科普整体能力的提高。

（2）科普经费渠道单一

北京虽然有很多优势，但是在进一步提升科普水平上仍然面临一系列挑战。北京市的科普经费至少有一半依赖于政府资金投入，虽然有社会资本参与，但大部分都是政治性资金，而不是经营性资金，人均科普经费也是处于较低水平。

尽管北京市制定了一系列关于推动科普工作的法律法规，但由于部分相关部门对科普工作的重视程度不够，服务引导功能发挥差。政策“重制定，轻落实”，当前科普相关的法律法规相对陈旧，多项扶持“执行力偏弱”。虽然北京市科普基地的科普投入逐年增加，且达到了一定的规模和水平，但由于企业和社会投入科普公益事业的渠道不畅，使得科普基地多元科普经费投入机制还没有真正建立起来，科普基地主要经费来源仍为政府和单位自身投入，而其他来源的经费投入所占比例非常小。科普政策的制定以行政手段为主，仍旧是“自上而下”的体制，缺乏对科普工作的深入思考和对公众需求的认真调研。科普经费投入不足，且政府的财政仍旧是科普经费的主要来源渠道，科普经费来源存在一定的结构性失衡，企业和社会投入科普公益事业的渠道不畅。2016 年北京市科普专项经费共计 12.63 亿元较 2015 年的 11.98 亿元提高了 0.65 亿元，占当年地区财政收入的 0.25%，相对而言科普财政投入不足，难以满足公众对科普发展的要求，同时不利于激发科普人员的工作积极性。

（3）科普人才队伍支撑不够

虽然近年来科普队伍有了较大幅度的提升，首都地区科普人才队伍建设仍不能满足需求，科普人才队伍的建设关系到科普产品和服务的综合实力。当前的专家或科普工作者很难成为科普的常规力量，其科普工作方式往往呈现突击式，流于形式和表面化。当前科学家参加科普的人数不多，志愿者偏多，人均投入科普工作的时间下降。

整体来看，北京科普的专业人员数量较为缺乏，科普工作无法从根本上得到提升。科普专职人员和科普兼职人员也均表现出增长态势，但北京市科普专职人员数量仍旧较少，且科普高端人才缺乏。2016 年北京市拥有科普专职人员、兼职人员合计 54 960人，其中科普兼职人员占总人数的 83%，科普专职人员数量相对较少。2016 年科普专职人员中的科普创作人员仅有 1 323人，占专职人员总数的 14%。科普工作涉及面广，需要有高层次人才作为有力支撑，科普人才队伍的匮乏，导致了对于科普传媒、科普活动等组织力和宣传力不足，影响科普效果。科普人才队伍不健全进一步会影响科普活动和科普内容的预期效果。

（4）高水平科普产品比较匮乏

科普产品决定科学技术传播的效率，科普产品不仅要求在数量上满足公众需求，更需要在质量上不断提升。首都地区科普活动虽然成效显著，在科普活动和科普内容等产品量逐年增加，但仍旧存在问题，国际化有影响力的科普品牌较少，“社会化、市场化、常态化、泛在化”的科普工作局面尚未形成。首都科普仍旧存在科普活动内容单一，科普内容局限陈旧，多强调知识和技能的传播，时效性差。首都地区虽然设立科普活动周、科普日等大型活动，丰富了民众的精神文化生活，但作为全国科技创新中心城市而言，首都缺乏有国际影响力的科普品牌，具有高水平影响力的科普品牌较少，科普工作尚未实现常态化发展。科普活动影响范围小，举办重大科普活动次数和科普国际交流次数增长速度缓慢，科普类电视节目、网站、微信、出版物等缺乏创意，受欢迎程度低。

北京市科普活动周次数增长较快，但是举办大型的科普活动次数和科普国际交流次数增长较慢。2016 年举办重大科普活动次数为 633 次，与 2009 年的 637 次基本持平（2013 年为 4 044次，出现猛增）。科普国际交流的次数变化不大，2008 年次数为 409 次，后整体呈现下降趋势，2009—2015 年科普国际交流次数小于 360 次（2010 年为 442 次），2016 年随着“一带一路”倡议的推广，北京地区科普国际交流次数增至 466 次。

首都地区传播体系发展不平衡，当前科普影像制品、网站数量增长缓慢，科普传播方式略显单一，过度依赖传统媒体，对新媒体的运用不足。电视类、网站、微信、出版物等缺乏创意，受欢迎程度低。其次，“伪科学”网络信息资源泛滥，科普受众人数多但背景各异，所以科学素质参差不齐，很多人不具备基础的科学素质，因而很难对网络科普信息进行辨别，进而容易盲目相信网络科普信息，因此网络科普信息资源虽大，也使得基层科普受众不知所措。

（5）科普能力评价标准和机制有待完善

为推进实施《全民科学素质行动计划纲要（2006—2010—2020 年）》，努力建设创新型国家，根据《国务院关于印发实施〈国家中长期科学和技术发展规划纲要（2006—2020 年）〉若干配套政策的通知》，加强国家科普能力建设，提高公民科学素质，2007 年科技部等八部门联合发布了《关于加强国家科普能力建设的若干意见》，推动了国家科普能力的建设、提升和发展。2007 年之后，陆续有文献发表关于科普能力评价的实证研究成果。在科普能力建设方面，首都北京一直走在全国的前列。进入“十三五”，首都科普要站在大视野、大科普、国际化的高度，以建设国家科技传播中心为核心，以提升公民科学素质、加强科普能力建设为目标，着力提升科普产品和科普服务的精准、有效供给能力，着力加强新技术、新产品、新模式、新理念的推广和普及，着力推进“互联网+科普”和“两微一端”科技传播体系，着力培育创新文化生态环境，激发全社会创新创业活力，为全国科技创新中心建设提供有力支撑。首都地区科普能力建设面临着更新更高的要求。目前，首都地区从科普活动、科普经费、科普人员等方面的投入逐年提高，科普活动周、科普宣传日、科普图书和期刊等科普作品覆盖面越来越广，但是科普能力建设投入是否在推进创新方面产生实效？公民科学素质是否得到有效提高？现行参照的国家科普能力评价标准，已经难以适应互联网时代首都科普的新局面、新要求，亟待建立适合首都地区的科普能力评价体系和评估机制，为决策提供更加科学充分的依据。

4 国家科普能力评价框架指导下的首都地区科普能力实证研究

科普能力是一个国家或地区向公众提供科普产品和服务的综合实力，在科普经费、人员和基础设施配备合理充分的情况下，组织管理正常、政策环境优化下，提供的科普创作和科普活动（李婷，2011）。新中国成立以来，首都地区科普工作始终走在全国前列。随着全国科技创新中心建设的全面推进，首都地区科普工作面临新的形势和要求：一是市民总体科学素质与发达国家相比还存在较大差距；二是具有重大国际影响力的科普品牌较少，社会化、市场化、常态化、泛在化的科普工作局面尚未形成；三是新一代信息技术开创科普的新局面尚待开拓；四是全面深化改革、转变政府职能背景下的科普创新体制机制亟须建立；五是科技服务业将科普列为重点产业内容，对处于起步阶段的科普产业发展提出了新要求。为适应新形势新要求，需要强化以能力建设为导向的首都科普事业发展理念，切实加强首都地区科普能力建设。

4.1 科普能力评价研究综述

科学构建首都科普能力评价指标体系，首先需要调研国内外在科普能力评价方面的相关理论研究和实证研究，总结出科普能力评价标准的共性问题，进而结合首都科普工作特点和要求，以“立足共性、凸显个性”的思路，设计首都科普能力的评价指标，运用科学计量学方法，科学构建指标体系。

本研究运用了文献计量分析的方法，借助中国知网（CNKI）文献数据库，以“科普能力评价”“科普能力评估”为检索词，构建检索式，系统调研了国内关于科普能力评价研究情况和成果，得到密切相关国内文献 32 篇，从总量上和发文趋势上看（图 4-1），我国科普能力评价（评估）研究刚刚起步，2007 年国内首篇关于科普能力评价文献发表以来，相关研究逐渐丰富，2015—2017 年，国内科普能力评价研究公开发表的文献为历史最高。从学科分布上看（图 4-

2），科普能力评价总体侧重于经济与管理研究范畴，表明科普能力评价正在走入管理学的视野，理论研究逐渐完善和成熟；从研究机构上看（图 4-3），中国科普研究所等“国”字头机构引领了国内相关研究的发展。党的十九大报告提出，“中国特色社会主义进入新时代，我国社会主要矛盾已经转化为人民日益增长的美好生活需要和不平衡不充分的发展之间的矛盾”。新时代的科普能力建设重点，要围绕不平衡和不充分发展问题的解决，科普能力评价研究也将不断适应经济社会发展对科普工作提出的新要求。

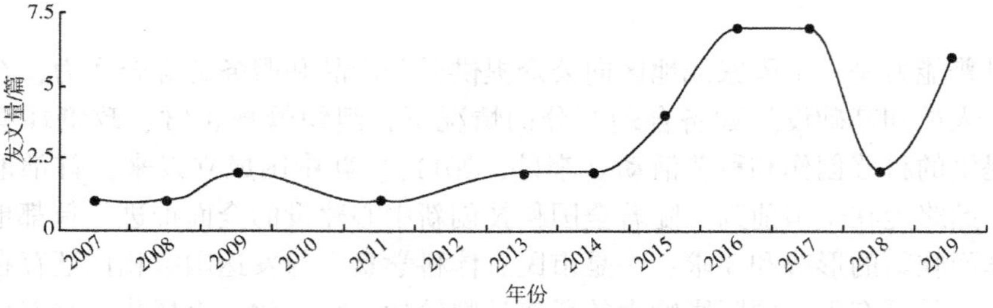

图 4-1　2007—2019 年国内科普能力评价（评估）研究发表文献年度分布

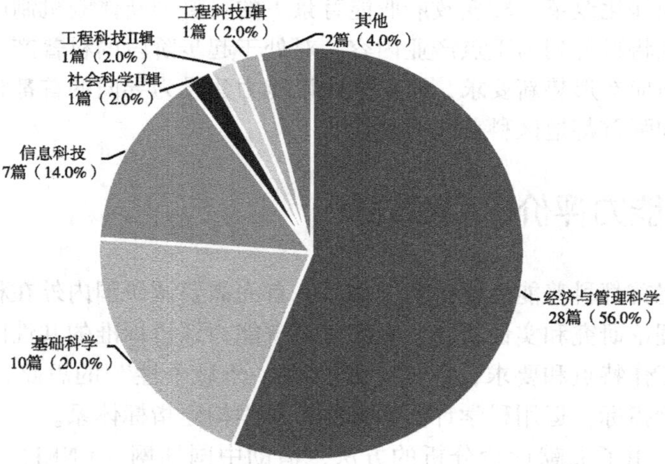

图 4-2　国内科普能力评价（评估）研究文献学科分布

通过调研国内外文献，尚未发现国外直接关于地区和城市层面科普能力评价的研究成果。国外研究多围绕科技活动的效果评价，如德国的爱因斯坦年评估、Jon D. Miller 评估等。国内学者在科普能力评价指标体系研究、科普能力

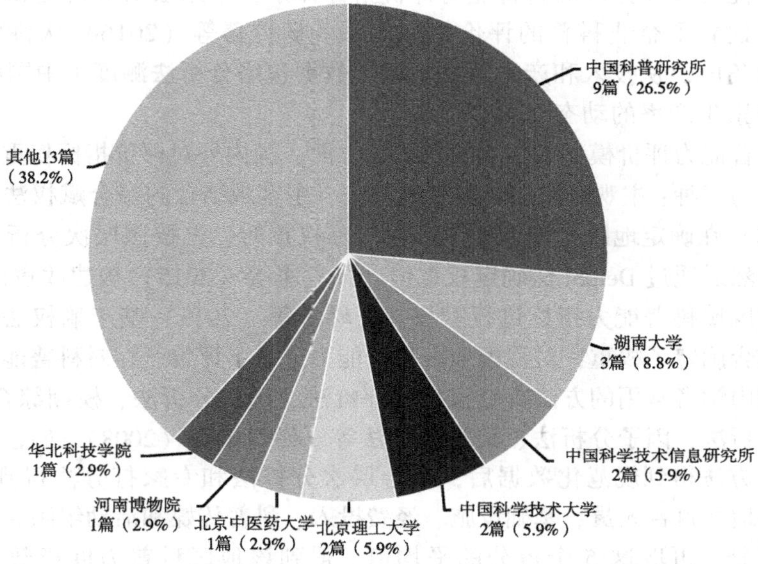

图 4-3 国内科普能力评价（评估）研究文献机构分布

评价指标赋权和评价模型研究、科普能力评价实证研究等方面成果丰富。在科普能力评价指标体系研究方面，国家地区等宏观层面的科普能力评价，国内多数学者主要参考《中国科普统计》给出的指标，设计评价指标，主要包括科普人员、科普场地、科普经费、科普传媒、科普活动 5 个方面。如，佟贺丰等（2008）在国家科普统计指标体系的基础上，从科普投入和产出角度出发，构建了包括科普人员、经费投入、基础设施、科普传媒、活动组织 5 个一级指标、17 个二级指标的地区科普力度评价指标体系。除参考既有科普能力评价指标外，有学者也考虑了社会经济等综合性因素，在既有指标等基础上进行了优化。如，任嵘嵘等（2013）在参考我国科普统计指标体系的基础上，考虑了地区人口和 GDP，构建了包括科普投入、基础设施、科普人员、科普创作及科普活动组织 5 个方面、23 项指标的地区科普能力评价指标体系。基层科普机构、科普示范社区、科普人员、企业等微观层面的科普能力评价研究，国内学者多结合自身实际情况，总结建立了评价标准，进行了分析研究并提出了能力建设观点。如莫扬等（2011）基于中科院科研院所的调查，分析了我国科技人才科普能力的动员、投入、培养、激励等情况，探索完善科普能力建设机制的对策建议；何丽（2015）从企业科普创新的角度构建了包括科普投入能力、科普创新管理能力、科普创新产出能力、市场营销能力、技术创新能力、科普活动能力等6方面的科普能力评价指标体系，采用层次分析法和模糊综合评价方法建立了企业科普的评价指标体系。杨传喜等（2016）从科普资源配置效率的角度，从投入和产出角度，运用数据包络分析法测度了中国科普资源配置全要素生产率的动态变化。

在科普能力评价模型和指标赋权研究方面，国内外对评价指标权重赋值的方法大致分为三种：主观赋权法、客观赋权法、主客观结合的综合赋权法。佟贺丰等（2008）在确定地区科普力度体系各指标权重时，先按照层次分析法确定框架结构，然后通过Delphi法确定权重值。张立军等（2015）构建改进的CRITIC赋权法对区域科普能力指标进行赋权。任嵘嵘等（2013）基于熵权法——GEM主客观结合确定了权重，对我国地区科普能力进行了评价。在对科普能力评价研究中，国内学者常用的方法有专家打分评价法、层次分析法、模糊综合评价法、主成分分析法、因子分析法、聚类分析法等。佟贺丰等（2008）通过“Z-score标准化”方法得到规范化数据后，结合层次分析法和专家打分法得到的权重，计算出各地区科普人员、基础设施、经费投入、科普传媒和活动组织5个维度的标准化得分，再取这5个得分的平均值，得到该地区科普力度指数。王刚等（2017）研究中指出，李婷（2011）、张慧君和郑念（2014）、陈套等（2015）运用多元统计综合评价法实证分析了地区科普能力情况，所得的地区科普能力排名和分类具有一致性。

科普能力评价实证研究方面，卓丽洪等（2016）从地区重视程度、科普人员、科普经费、科普设施、科普传媒和科普活动等软约束和硬约束两个方面，结合牛顿第二定律构建地区科普驱动力指标体系并进行评价；吴华刚（2014）采用全局主成分分析法，从科普人力资源、科普财力资源、科普场地资源、科普传媒资源和科普活动资源等5个维度，对全国31个省（市）进行省域科普资源建设水平指标体系的构建及评价；陈套等（2014）从科普人财、科普设施、科普传媒、科普活动等4个指标运用结构方程模型对评价体系进行了验证，通过因子分析法测算了区域科普能力和科技竞争力，并根据科普能力强弱通过聚类分析将我国31个省（市）归为四大类。任嵘嵘，郑念等（2013）基于熵权法——GEM对我国地区科普能力进行评价，构建了主要包括科普投入、基础设施、科普人员、科普创作及科普活动组织等5个方面，23项指标的评价体系，并对我国地区进行综合排名。张良强等（2010）采用层次分析法，从人力、财力、物力、内容和活动5个维度，设计相应指标体系来评价全国各省市科普资源共享共建的绩效。

综上，基于数据的可获得性、连续性等诸多因素考虑，现有科普能力评价实证研究多参考《中国科普统计》设计指标，从科普人员、科普场地、科普经费、科普传媒和科普活动五方面开展研究，根据运用国内外评价指标权重赋值的三种常用方法为权重赋值，运用专家打分评价法、层次分析法、模糊综合评价法、主成分分析法、因子分析法、聚类分析法等构建评价模型。通过调研国内相关研究，明确了评价科普能力需要考虑的共性要素和研究方法，可作为首都地区科普能力评价的依据和参考。

4.2 国家科普能力评价指标体系概述

自 2007 年《关于加强国家科普能力建设的若干意见》提出国家科普能力概念之后，国内关于科普能力的研究实践开始兴起。“十二五”期间，围绕提升科普能力，全国各地在科技馆体系、科普基础设施、科普信息化、科普传播能力建设、科普活动、科普产品能力建设、科普人才队伍建设等各方面都取得了较大的发展。但是，自《关于加强国家科普能力建设的若干意见》颁布以来，我国整体科普能力的发展状况还没有进行过系统的评估，更缺乏量化信息，难以对科普能力建设及科普事业的长远发展提供决策依据。

2017 年 7 月，中国科普研究所发布了《国家科普能力发展报告（2006—2016）》。对国家科普能力进行了界定，构建了国家科普能力发展指数评价指标体系，系统分析了 2006 年以来中国国家科普能力的发展情况，并对其未来发展进行了预测，提出进一步发展的对策建议。指标设计主要以国家科普统计指标为基础，考虑了人口、GDP、财政支出、信息化等因素，以及各项指标数据的可获得性、完整性和连续性，构建了包括科普人员、科普经费、科普基础设施、科普教育环境、科普作品传播和科普活动 6 个一级指标，并下设 39 个二级指标的国家科普能力发展指数评价指标体系（表 4-1）。

2018 年 7 月，新时代公众科学素质评估评价专题论坛暨第二十五届全国科普理论研讨会上，中国科普研究所发布了《国家科普能力发展报告（2017—2018）》。报告对我国科普能力建设影响大、贡献大的新媒体因素进行了较为深入的研究，发现了国家科普能力发展指数的变化呈现出的新特点。国家科普能力发展指数评价体系，在动态监测科普能力建设具有显著的优势，数据和结论具有权威性。数据所反映出来的科普能力建设因素的变化、动向的变化，对于首都地区科普能力评价工作，具有重要的参考价值和现实指导意义。因此，应作为指导首都科普能力评价体系建立的框架和依据。

表 4-1　国家科普能力发展指数评价指标体系

一级指标	权重	二级指标	权重
科普人员	0.2125	中级职称以上或大学本科以上学历科普专职人员比例（%）	0.0433
		中级职称以上或大学本科以上学历科普兼职人员比例（%）	0.0344
		科普创作人员（人）	0.0417
		每万人拥有科普专职人员（人）	0.0361
		每万人拥有科普兼职人员（人）	0.0309
		每万人注册科普志愿者（人）	0.0261
科普经费	0.2145	年度科普经费筹集总额（万元）	0.0455
		人均科普专项经费（元/人）	0.0431
		人均科普经费筹集总额（元/人）	0.0343
		科普经费筹集总额占 GDP 比例（‰）	0.0351
		政府拨款占财政总支出比例（‰）	0.0324
		社会筹集科普经费占科普经费筹集总额比例（%）	0.0242
科普基础设施	0.1625	科技馆和科学技术博物馆展厅面积之和（m^2）	0.0248
		科技馆和科学技术博物馆参观人数之和（人）	0.0251
		每百万人拥有科技馆（科技博物馆）数量（座）	0.0319
		科技官和科技博物信单位展厅面积年接待观众人次（人次/m^2）	0.0270
		青少年科技馆数量（个）	0.0211
		科普宣传专用车（辆）	0.0160
		科普画廊个数（个）	0.0167
科普教育环境	0.1365	青少年参加科技竞赛次数（人次）	0.0236
		青少年参加科技兴趣小组次数（人次）	0.0275
		参加科技夏（冬）令营次数（人次）	0.0224
		广播综合人口覆盖率（%）	0.0138
		电视综合人口覆盖率（%）	0.0214
		互联网普及率（%）	0.0279
科普作品传播	0.1325	科普图书总册数（册）	0.0168
		科普期刊种类（种）	0.0118
		科普音像制品出版数（种）	0.0117
		科普音像制品光盘发行总量（张）	0.0108
		科普音像制品录音、录像带发行总量（盒）	0.0100
		科技类报纸发行量（份）	0.0138
		电视台科普节目播出时间（时）	0.0203
		电台科普节目播出时间（时）	0.0123
		科普网站数量（个）	0.0251

（续表）

一级指标	权重	二级指标	权重
科普活动	0.1415	参加科普讲座人次数（人次）	0.0292
		参观科普展览人次数（人次）	0.0298
		参观开放科研机构（含大学）人次数（人次）	0.0255
		参加实用技术培训人次数（人次）	0.0289
		重大科普活动次数（次）	0.0283

4.3　科普能力评价指标设计应遵循的原则

4.3.1　科学性原则

评价指标体系是否合理，直接关系评估的结果，因此评价指标必须能够全面系统、科学合理反映科普工作的各个方面和体现首都地区科普能力的建设水平。此外，注重绝对量指标和相对量指标的使用。

4.3.2　全面性和代表性原则

评价指标的选取具备全面性和代表性双重属性，评价方面全面，但又不能贪多求全，简单具有代表性的指标应当优先考虑。

4.3.3　数据可获得性原则

指标设置不宜过于复杂，应遵循简单性原则。指标设置的关键是能不能采取到相应的数据，即使某些指标在理论上正确，采集不到数据也是枉然。

4.3.4　客观性原则

评价指标的选取应当客观，避免主观评价，真实反映评价对象的科普能力建设情况。

4.4　国家科普能力评价框架指导下的首都地区科普能力评价指标

对首都地区科普能力的评价指标设定首先需要明确科普能力的投入变量、科普产出变量及科普支撑条件。从首都地区科普能力的内涵出发，科普投入变量能够为科普能力提供驱动作用，科普人员、科普设施、科普经费三项属于科普投入；科普传媒、科普活动属于科普产出，科普政策属于科普支撑条件。综合科普评价指标设置原则，选取科普人员 A1、科普设施 A2、科普经费 A3、科普传媒 A4、科普活动 A5、科普政策 A6 6 个方面共计 20 个指标对首都地区科普能力进行综合评价（表 4-2）。

表 4-2　国家科普能力评价框架指导下的首都地区科普能力评价指标

一级指标	二级指标	单位
科普人员 A1	人均科普人员数量（A11）	人次/万人
	科普人员学历层次（A12）	人次/万人
	科普创作人员比例（A13）	%
科普设施 A2	人均科普场馆数量（A21）	个/万人
	人均科普场馆面积（A22）	m^2/万人
	人均公共场所科普宣传设施（A23）	个/万人
科普经费 A3	科普经费占 GDP 比重（A31）	%
	人均科普专项经费（A32）	元/万人
	人均科普活动支出（A33）	元/万人
科普传媒 A4	人均图书发行量（A41）	册/万人
	人均期刊发行量（A42）	册/万人
	电视科普节目播出时长（A43）	时
	广播科普节目播出时长（A44）	时
	科普网站数量（A45）	个
科普活动 A5	人均科普活动参加次数（A51）	人次/万人
	人均科普活动周参加次数（A52）	人次/万人
	人均展览馆参观次数（A53）	人次/万人
科普政策 A6	政府年度资金支持（A61）	万元
	科普活动周政府支持力度（A62）	万元
	科普活动支出占年度经费使用比重（A63）	%

4.4.1　科普人员

2006 年国务院颁布的《全民科学素质行动计划纲要（2006—2010—2020

年）》明确提出要加强科普人才队伍建设，并明确规定：着力提升科普人才队伍的整体素质，培养和造就一支规模适度、结构优化、素质优良的科普人才队伍。优化科普人才队伍结构，稳定专职科普人才队伍，不断壮大兼职科普人才队伍，积极发展科普志愿者队伍。大力培养面向基层的科普人才。《中国科协科普人才发展规划纲要（2010—2020 年）》对科普人才给了明确的定义，指出科普专职人才是指从事科普工作时间占全部工作时间 60%及以上的人员。包括各级国家机关和社会团体的科普管理工作者，在科研院所和大中专院校，从事专业科普研究和创作的人员，专职科普作家，中小学专职科技辅导员，各类科普场馆的相关工作人员，以及科普类图书、期刊、报刊科技科普专栏版的编辑，电台、电视台科普频道栏目的编导，科普网站信息加工人员等。

科普人员是指科普活动的实施人员，选取人均科普人员数量（A11）、科普人员学历层次（A12）、科普创作人员比例（A13）3 项指标，其中，人均科普人员数量=（科普专职人员+科普兼职人员）/地区人口；科普人员学历层次=（中级职称以上或大学本科以上学历“专”+“兼”人员）/科普总人口；科普创作人员比例=科普创作人员（专职）/科普专职人员。

4.4.2 科普设施

科普基础设施是为公众提供科普服务的重要平台，其发展水平对提升公众科学素质有重大影响（李朝晖等，2011）是国家公共服务体系和国家科普能力建设的重要组成部分。我国的科普基础设施大致分为科技类博物馆、基层科普设施、科普传媒设施、流动科普设施以及科普教育基地等。

科普设施指科普设施的数量，是科普能力建设重要的物质基础。选取人均科普场馆数量（A21）、人均科普场馆面积（A22）、人均公共场所科普宣传设施（A23）3 项指标，其中，人均科普场馆数量=（科技馆数+科学技术博物馆+青少年科技馆）/地区人口；人均科普场馆面积=（科技馆展厅面积+科学技术博物馆展厅面积）/地区人口；人均公共场所科普宣传设施=（城市社区科普活动室+农村科普活动室+科普画廊）/地区人口。

4.4.3 科普经费

科普经费是每年用于科普工作的经费总额，包括科普工作管理、科普研究、科普牵涉经费等。选取科普经费占 GDP 比重（A31）、人均科普专项经费（A32）、人均科普活动支出（A33）3 项指标，其中，科普经费占 GDP 比重=地区科普经费筹集额/GDP；人均科普专项经费=科普专项经费之和/地区人口；人均科普活动支出=科普活动支出/地区人口。

4.4.4 科普传媒

科普传媒又称为科普宣传或科普创作，是指用通俗易懂的方式，解释科学原理和科学奥秘。选取人均图书发行量（A41）、人均期刊发行量（A42）、电视科普节目播出时长（A43）、广播科普节目播出时长（A44）、科普网站数量（A45）5 项指标，其中，人均图书发行量=科普图书发行总册/地区人口；人均期刊发行量=科普期刊发行总册/地区人口；电视科普节目播出时长=电视科普节目播出时间；广播科普节目播出时长=广播科普节目播出时间；科普网站数量=科普网站数量。

4.4.5 科普活动

科普活动是以科普为主题开展的一项有组织、有目的的群体性科技活动（李富强等，2016）。选取人均科普活动参加次数（A51）、人均科普活动周参加次数（A52）、人均展览馆参观次数（A53）3 项指标，其中，人均科普活动参加次数=（科普讲座+科普展览+科普竞赛）/地区人口；人均科普活动周参加次数=科普活动周专题活动参加人次/地区人口；人均展览馆参观次数=（科技馆参观人次+科学技术博物馆参观人次）/地区人口。

4.4.6 科普政策

科普政策主要指政府对于科普工作的支持水平。选取政府年度资金支持（A61）、科普活动周政府支持力度（A62）、科普活动支出占年度经费使用比重（A63）3 项指标，其中，政府年度资金支持力度=年度资金中的政府拨款；政府科普活动周支持力度=科普活动周中政府拨款；科普活动支出比重=科普活动支出/年度科普经费使用额。

4.5 首都地区科普能力评估

选用层次分析法（anylytic hierarchy process，AHP）法对首都地区的科普能力进行综合评估。

4.5.1 数据来源与指标权重确定方法

选取首都地区及下设的 16 个区 2015 年、2016 年统计数据作为研究样本，其中北京市的数据为2016年，首都管辖区数据为2015年。

在构建评价指标体系的基础上，本部分采用层次分析法进行权重确定（图4-4）。层次分析法将定性分析与定量分析有机结合起来，尤其适合于以定性分析为主的决策问题。层次分析法具有系统性、实用性、简洁性特点。专家打分的方法为：选取科普能力评价方面的专家，征集科普领域专家、学者意见，通过发放评价打分表向专家了解首都地区科普能力评估指标间的重要性程度，最终得到地区科普能力指标体系对应的权重。层次分析法是由美国著名运筹学家，匹兹堡大学教授T. L. Saaty在20世纪70年代中期提出，并在1980年他所著的《层次分析法》（*The Analytic Hierarchy Process*）中正式确立。使用AHP方法建立数学模型可以分为4个步骤。

（1）建立问题的递阶层次结构模型

把实际问题分解为若干因素，然后按属性的不同把这些因素分成若干组，划分递阶层次结构，一般可分为目标层、准则层和子准则层（图4-4）。

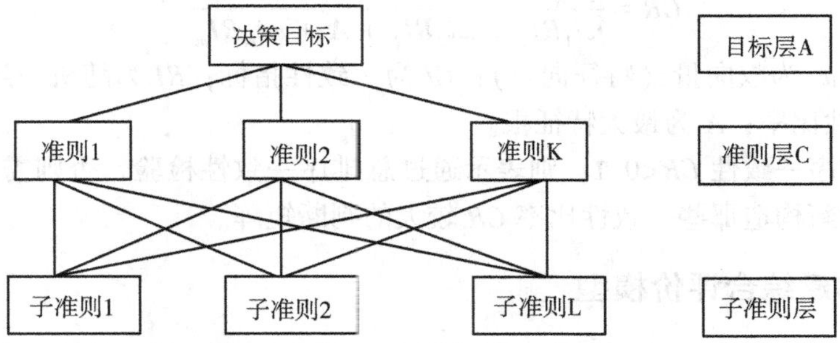

图4-4　层次分析法结构图

（2）构造判断矩阵

判断矩阵的构造以相邻因素的“重要性”为依据。以A为目标，i，j为评价因素，评分代表i因素对j的相对重要程度。

评分说明：

1：i与j同样重要

3：i比j稍微重要

5：i比j比较重要

7：i比j非常重要

9：i比j绝对重要

1/3：i比j稍微不重要

1/5：i 比 j 比较不重要

1/7：i 比 j 非常不重要

1/9：i 比 j 绝对不重要

2，4，6，8，1/2，1/4，1/6，1/8：表示重要程度介于1~3，2~5，……

（3）层次单排序及判断矩阵一致性检验

层次单排序是指，对于上一层某个因素准则而言，本层次因素的重要性排序。判断矩阵的一致性检验是指判断思维的逻辑一致性。

（4）层次总排序及一致性检验

确定某层所有因素对于总目标相对重要性的排序权值过程，称为层次总排序。

层次分析法总排序是为了获得层次结构中某一层元素对总体目标组合权重和它们与上层元素的相互影响，需要利用该层所有层次单排序的结果，然后计算出该层元素的组合权重，此过程即被称为层次总排序。

$$CR = \frac{wi_1 CI_1 + wi_2 CI_2 + \Lambda + wi_m CI_m}{wi_1 RI_1 + wi_2 RI_2 + \Lambda + wi_m RI_m}$$

式中，wi 为权向量（特征向量）；CI 为一致性指标；RI 为随机一致性指标；CR 为一致性比率；Λ 为最大特征根。

若总排序一致性 $CR<0.1$，则表示通过总排序一致性检验，否则需要重新考虑模型或重新构造那些一致性比率 CR 较大的判断矩阵。

4.5.2 构建综合评价模型

一级指标设定为：科普人员、科普设施、科普经费、科普传媒、科普活动、科普政策（图4-5）。

科普人员测量指标为：人均科普人员数量、科普人员学历层次、科普创作人员比例。科普设施测量指标为：人均科普场地数量、人均科普场馆面积、人均公共场所科普宣传设施。科普经费测量指标为：科普经费占GDP比重、人均科普专项经费、人均科普活动支出。科普传媒测量指标为：人均图书发行量、人均期刊发行量、电视科普节目播出时长、广播科普节目播出时长、科普网站数量。科普活动测量指标为：人均科普活动参加次数、人均科普活动周参加次数、人均展览馆参观次数。科普政策测量指标为：政府年度资金支持、科普活动周政府支持力度、科普活动支出占年度经费使用比重。

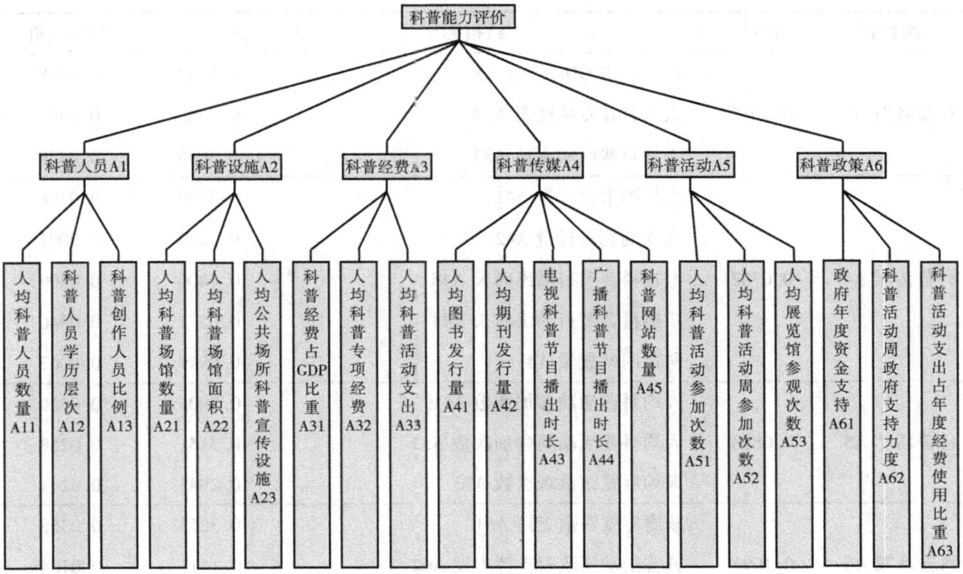

图 4-5 首都地区科普能力评价结构图

4.5.3 评价指标权重

对首都地区科普能力评价的一级指标包括科普人员、科普设施、科普经费、科普传媒、科普活动、科普政策 6 项，通过专家打分及采用层次分析法最终确定权重。通过归一化处理，得到 6 项指标的重要程度排序依次为：科普人员（0.3424）>科普经费（0.2083）>科普设施（0.1880）>科普政策（0.1092）>科普活动（0.0818）>科普传媒（0.0702）（表 4-3）。

表 4-3 首都地区科普能力指标体系权重

一级指标	权重	二级指标	同级权重	全局权重
科普人员 A1	0.3424	人均科普人员数量 A11	0.2789	0.0955
		科普人员学历层次 A12	0.3941	0.1350
		科普创作人员比例 A13	0.3270	0.1120
科普设施 A2	0.1880	人均科普场馆数量 A21	0.4574	0.0860
		人均科普场馆面积 A22	0.3051	0.0574
		人均公共场所科普宣传设施 A23	0.2375	0.0446

（续表）

一级指标	权重	二级指标	同级权重	全局权重
科普经费 A3	0.2083	科普经占 GDP 比重 A31	0.2149	0.0448
		人均科普专项经费 A32	0.4786	0.0997
		人均科普活动支持 A33	0.3065	0.0639
科普传媒 A4	0.0702	人均图书发行量 A41	0.2790	0.0196
		人均期刊发行量 A42	0.1289	0.0091
		电视科普节目播出时长 A43	0.4400	0.0309
		广播科普节目播出时长 A44	0.0572	0.0040
		科普网站数量 A45	0.0949	0.0067
科普活动 A5	0.0818	人均科普活动参加次数 A51	0.3906	0.0320
		人均科普活动周参加次数 A52	0.3151	0.0258
		人均展览馆参观次数 A53	0.2943	0.0241
科普政策 A6	0.1092	政府年度资金支持 A61	0.3253	0.0355
		科普活动周政府支持力度 A62	0.1414	0.0154
		科普活动支出占年度经费使用比重 A63	0.5333	0.0582

其中，科普人员发挥作用最大，说明人才因素已经成为首要因素。科普经费对于开展科普工作、丰富科普内容、调动科普经济性等方面均十分重要，首都地区科普经费对科普能力的影响仅次于科普人员因素，首都地区应当进一步强化科普经费的投入力度。科普设施是科普工作开展的支撑要素，本研究的科普设施着重强调科普馆数量、面积、科普公共场所设施等，科普设施对首都地区科普能力的影响要弱于科普人员、科普经费，但强于科普政策、科普活动和科普传媒。本研究的科普政策主要从资金支持方面研究政府对科普工作的支持，此类因素影响权重为 0.1092，大于科普活动和科普传媒因素。科普活动和科普传媒属于科普工作的产出要素，需要投入科普人员、经费、设施、政策等多方面因素进而增加科普产出，专家一致认为此两者对于科普能力重要性影响相对较低。

从二级指标来看，科普人员各指标的重要程度排序依次为：科普人员的学历层次（0.3941）>科普创作人员比例（0.3270）>人均科普人员数量（0.2789）。科普设施各指标的重要程度排序依次为：人均科普场馆数量（0.4574）>人均科普场馆面积（0.3051）>人均公共场所科普宣传设施（0.2375）。科普经费各指标的重要程度排序依次为：人均科普专项经费（0.4786）>人均科普活动支持（0.3065）>科普经费占 GDP 比重（0.2149）。科普传媒各项指标的重要程度排序依次为：电视科普节目播出时长（0.4400）>人均图书发行量（0.2790）>人均期刊发行量（0.1289）>科普网站数量（0.0949）>广播科普节目播出时长（0.0572）。科普活动各项指标的重要程度排序依次为：人均科普活动参加次数（0.3906）>人均科普活动周参加次数（0.3151）>人均展览馆参观次数（0.2943）。科普政策各项指标的重要程度排序依次为：科普活动支出占年度经费使用比重（0.5333）>政府年度资金支持（0.3253）>科普活动周政府支持力度（0.1414）。

从全局权重看二级指标影响大小：科普人员学历层次>科普创作人员比例>人均科普专项经费>人均科普人员数量>人均科普场馆数量>人均科普活动支持>科普活动支出占年度经费使用比重>人均科普场馆面积>科普经费占 GDP 比重>人均公共场所科普宣传>政府年度资金支持>人均科普活动参加次数>电视科普节目播出时长>人均科普活动周参加次数>人均展览馆参观次数>人均图书发行量>科普活动周政府支持力度>人均期刊发行量>科普网站数量>广播科普节目播出时长。

4.5.4　基于国家科普能力评价框架的首都地区科普能力评价

根据选取的指标体系，分别获取科普能力评价指标体系数值，原始数据反映首都各地区相应指标的绝对值的大小。为了进行综合评比，需要对原始数据进行无量纲化处理。

第一步：数据无量纲处理。

首先需要对数据进行标准化处理，保障数据的可比性，数据处于相同的数量级。本报告采取的数据标准化方法为“极值法”，公式如下：

$$X'_i = \frac{X_i - X_{min}}{X_{max} - X_{min}}$$

式中，X_{max}、X_{min}分别代表同类指标原始数据中的最大值和最小值；X_i 为第 i 个指标原始值；X'_i 为第 i 个指标标准值。

第二步：分别计算首都各地区不同维度的科普能力，维度包括科普人员、科普设施、科普经费、科普传媒、科普活动、科普政策 6 项。

$$A_i = \sum X'_i \times W_i$$

式中，i 为整数；A_i代表首都科普第 i 个能力的评价值；W_i表示首都科普第 i 个能力的专家评；X'_i 为第 i 个指标标准值。

首都各区科普能力一级指标评价得分如表 4-4 所示。

表 4-4 首都各区科普能力一级指标评价得分

地区	科普人员 A1	科普设施 A2	科普经费 A3	科普传媒 A4	科普活动 A5	科普政策 A6
东城区	0.80	0.36	0.55	0.55	0.27	0.29
西城区	0.58	0.25	0.22	0.28	0.71	0.40
朝阳区	0.56	0.09	0.92	0.44	0.06	0.78
丰台区	0.31	0.13	0.32	0.05	0.05	0.39
石景山区	0.44	0.08	0.47	0.06	0.01	0.31
海淀区	0.55	0.16	0.06	0.84	0.48	0.25
门头沟区	0.33	0.21	0.32	0.02	0.01	0.01
房山区	0.20	0.08	0.07	0.01	0.04	0.25
通州区	0.26	0.04	0.08	0.00	0.00	0.40
顺义区	0.20	0.02	0.01	0.03	0.00	0.24
昌平区	0.56	0.12	0.24	0.04	0.06	0.58
大兴区	0.12	0.09	0.04	0.02	0.05	0.50
怀柔区	0.36	0.60	0.21	0.04	0.15	0.20
平谷区	0.14	0.24	0.11	0.02	0.01	0.53
密云区	0.21	0.36	0.28	0.01	0.05	0.46
延庆区	0.44	0.87	0.40	0.06	0.32	0.26

为了方便比较各地区相对值大小，将表 4-4 中数据化为百分制如表 4-5 所示。

表 4-5 百分制下首都各区一级指标评价分值

地区	科普人员 A1	科普设施 A2	科普经费 A3	科普传媒 A4	科普活动 A5	科普政策 A6
东城区	100.00	40.83	58.92	65.77	37.58	36.28
西城区	68.37	27.82	23.82	33.47	100.00	50.83
朝阳区	64.76	8.70	100.00	52.02	8.57	100.00
丰台区	27.80	13.51	34.30	6.04	7.18	50.01
石景山区	46.98	7.18	50.34	6.45	0.96	39.46

（续表）

地区	科普人员 A1	科普设施 A2	科普经费 A3	科普传媒 A4	科普活动 A5	科普政策 A6
海淀区	63.28	16.58	6.28	100.00	66.80	31.44
门头沟区	29.87	23.12	34.16	1.89	0.79	0.00
房山区	11.59	7.76	6.53	0.62	5.62	31.12
通州区	20.65	3.19	7.65	0.00	0.00	50.51
顺义区	10.52	0.00	0.00	2.89	0.31	29.43
昌平区	64.01	11.76	25.06	3.78	8.95	73.91
大兴区	0.00	8.88	3.80	1.79	6.34	63.22
怀柔区	35.14	68.19	22.73	4.77	21.29	24.56
平谷区	2.38	26.54	11.88	2.04	1.00	68.22
密云区	12.05	40.86	30.28	0.48	7.22	59.13
延庆区	46.59	100.00	43.38	7.03	44.51	32.62

按照“优、良、中、可、差”五分类方法将各地区科普能力评价的6类一级指标进行等差值分类。第一类为优秀，分值为80分及以上；第二类为良好，分值为大于等于60分小于80分；第三类为中等，分值为大于等于40分小于60分；第四类为尚可，分值为大于等于20分小于40分；第五类为较差，分值为大于等于0分小于20分。

从科普人员分值来看，5类地区划分如下（括号内为占比）：

第一类优秀（6.25%）地区为东城区；

第二类良好（25.00%）地区为西城区、朝阳区、昌平区、海淀区；

第三类中等（12.50%）地区为石景山区、延庆区；

第四类尚可（25.00%）地区为怀柔区、门头沟区、丰台区、通州区；

第五类较差（31.25%）地区为密云区、房山区、顺义区、平谷区、大兴区。

从科普设施分值来看，5类地区划分如下（括号内为占比）：

第一类优秀（6.25%）地区为延庆区；

第二类良好（6.25%）地区为怀柔区；

第三类中等（12.50%）地区为密云区、东城区；

第四类尚可（18.75%）地区为西城区、平谷区、门头沟区；

第五类较差（56.25%）地区为海淀区、丰台区、昌平区、大兴区、朝阳区、房山区、石景山区、通州区、顺义区。

从科普经费分值来看，5 类地区划分如下（括号内为占比）：

第一类优秀（6.25%）地区为朝阳区；

第二类良好（0%）地区为无；

第三类中等（18.75%）地区为东城区、石景山区、延庆区；

第四类尚可（37.50%）地区为丰台区、门头沟区、密云区、昌平区、西城区、怀柔区；

第五类较差（37.50%）地区为平谷区、通州区、房山区、海淀区、大兴区、顺义区。

从科普传媒分值来看，5 类地区划分如下（括号内为占比）：

第一类优秀（6.25%）地区为海淀区；

第二类良好（6.25%）地区为东城区；

第三类中等（6.25%）地区为朝阳区；

第四类尚可（6.25%）地区为西城区；

第五类较差（75.00%）地区为延庆区、石景山区、丰台区、怀柔区、昌平区、顺义区、平谷区、门头沟区、大兴区、房山区、密云区、通州区。

从科普活动分值来看，5 类地区划分如下（括号内为占比）：

第一类优秀（6.25%）地区为西城区；

第二类良好（6.25%）地区为海淀区；

第三类中等（6.25%）地区为延庆区；

第四类尚可（12.50%）地区为东城区、怀柔区；

第五类较差（68.75%）地区为昌平区、朝阳区、密云区、丰台区、大兴区、房山区、平谷区、石景山区、门头沟区、顺义区、通州区。

从科普政策分值来看，5 类地区划分如下（括号内为占比）：

第一类优秀（6.25%）地区为朝阳区；

第二类良好（18.75%）地区为昌平区、平谷区、大兴区；

第三类中等（25.00%）地区为密云区、西城区、通州区、丰台区；

第四类尚可（43.75%）地区为石景山区、东城区、海淀区、房山区、顺义区、怀柔区、延庆区；

第五类较差（6.25%）地区为门头沟。

根据各区分类，可得到雷达图（图 4-6），各区域进行科普能力提升可从薄弱环节进行。

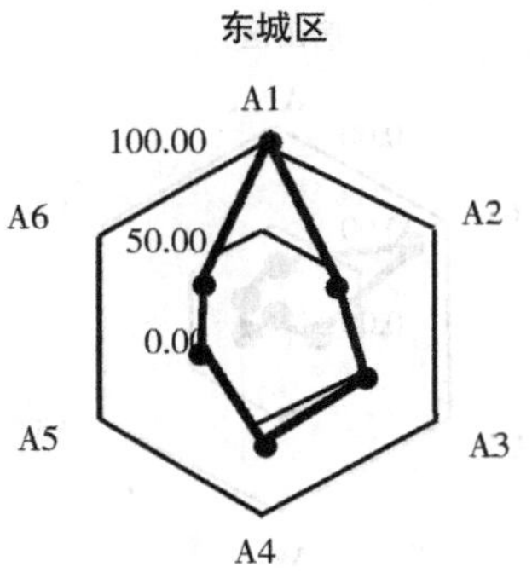
东城区
A1
100.00
A2
50.00
0.00
A6
A5
A3
A4

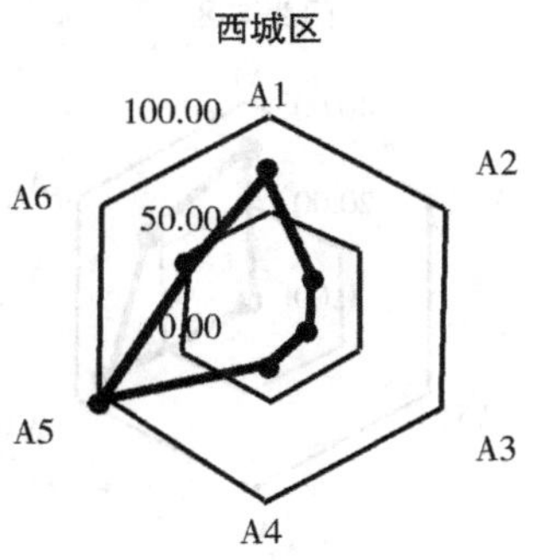
西城区
A1
100.00
A2
50.00
0.00
A6
A5
A3
A4

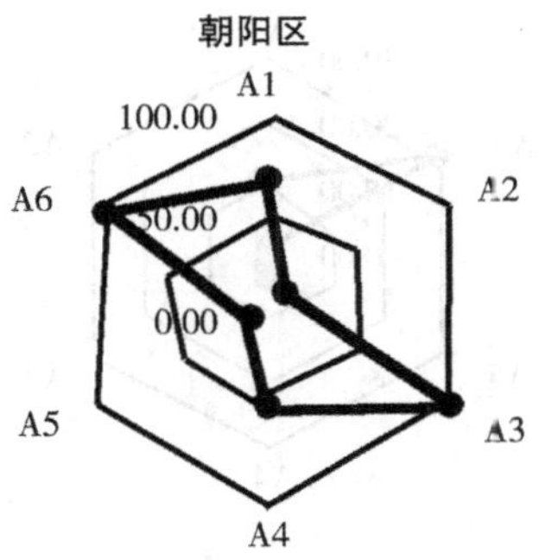
朝阳区
A1
100.00
A2
50.00
0.00
A6
A5
A3
A4

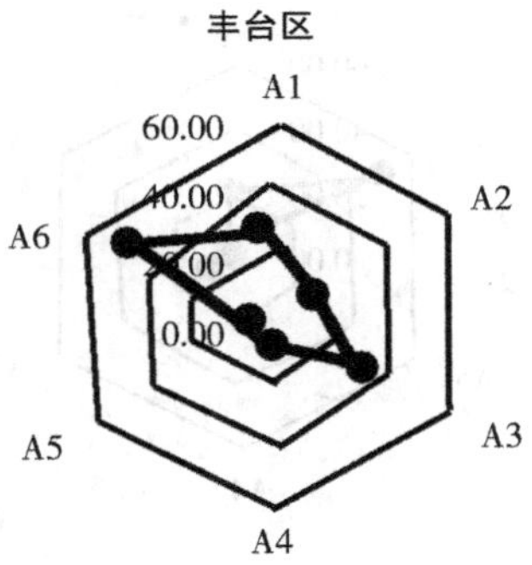
丰台区
A1
60.00
A2
40.00
0.00
A6
A5
A3
A4

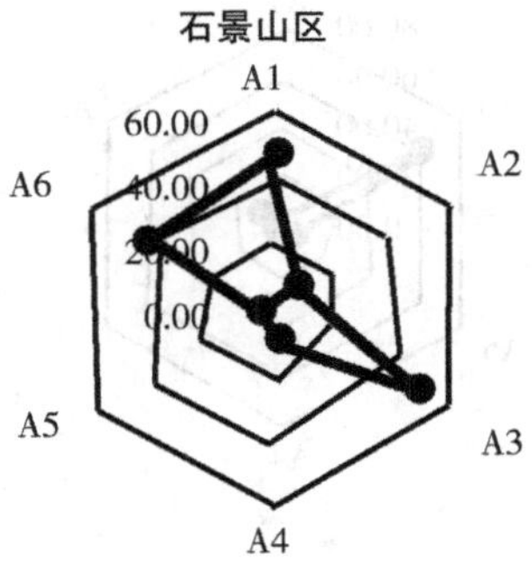
石景山区
A1
60.00
A2
40.00
0.00
A6
A5
A3
A4

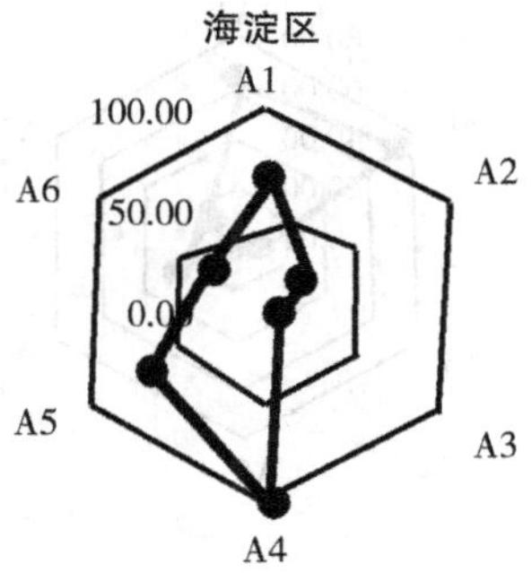
海淀区
A1
100.00
A2
50.00
A6
A5
A3
A4

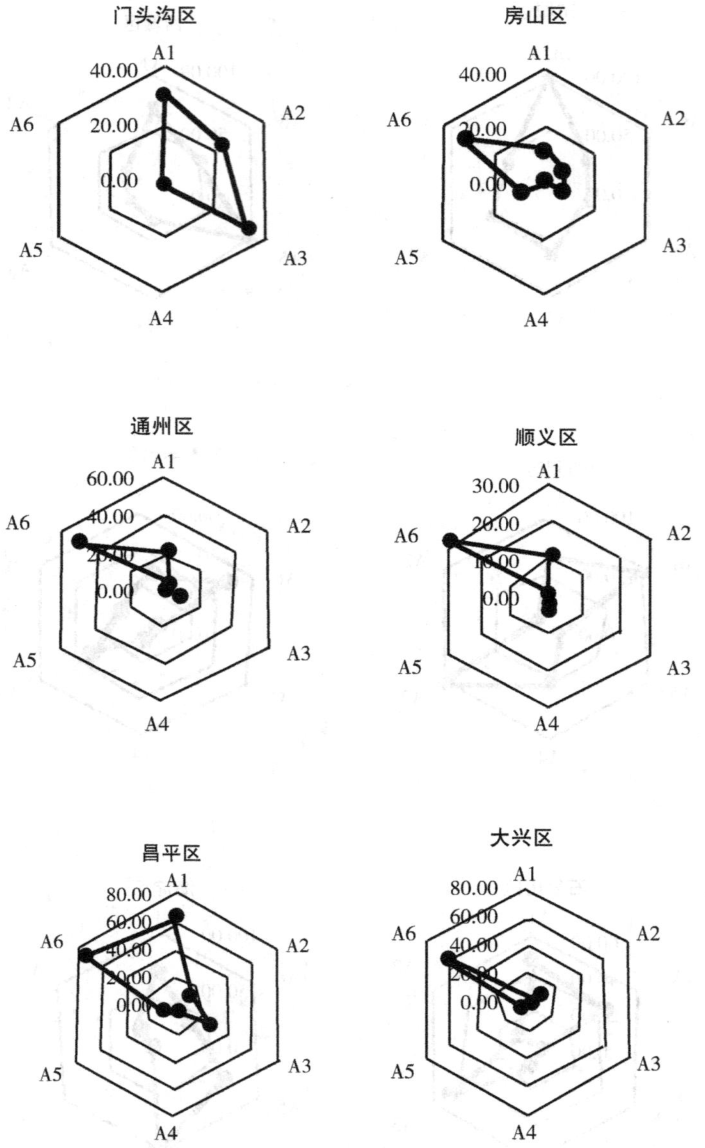
门头沟区
A1
A2
A3
A4
A5
A6
40.00
20.00
0.00
房山区
A1
A2
A3
A4
A5
A6
40.00
20.00
0.00
通州区
A1
A2
A3
A4
A5
A6
60.00
40.00
20.00
0.00
顺义区
A1
A2
A3
A4
A5
A6
30.00
20.00
10.00
0.00
昌平区
A1
A2
A3
A4
A5
A6
80.00
60.00
40.00
20.00
0.00
大兴区
A1
A2
A3
A4
A5
A6
80.00
60.00
40.00
20.00
0.00

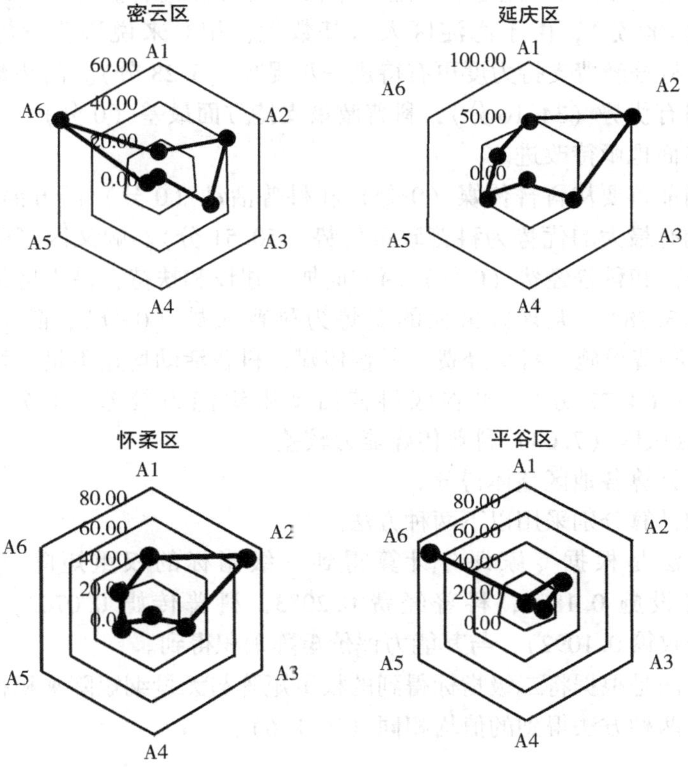

A1-科普人员；A2-科普设施；A3-科普经费；
A4-科普传媒；A5-科普活动；A6-科普政策。

图 4-6　首都各区科普一级指标评价雷达图

东城区最大的优势为科普人员优势（100 分），下一步科普能力提升的重点应当放到科普设施建设、科普活动组织及科普政策支持改进上。如适当规划并增加科技馆、科学技术博物馆、青少年科技馆数量，根据需求增加展厅面积；积极组织开展科普活动，丰富活动主题，提高吸引力；提高对科普的重视程度，增加科普活动周经费支持等。同样，西城区最大的优势（100 分）为科普活动，下一步科普能力提升的重点应当放到科普设施、科普经费和科普传媒的改进上。朝阳区最大的优势为科普经费优势（100 分），下一步的科普能力提升的重点应当放到科普设施建设和科普活动开展上。丰台区最大的优势为科普政策优势（50.01 分），下一步的科普能力提升的重点应当放到科普传媒和科普活动组织上。石景山区最大的优势为科普经费优势（50.34 分），科普活动组织最为落后（0.96 分），同时应当加大科普设施建设，适当丰富科普传媒内容。海淀区最大的优势为科普传媒（100 分），由于海淀区人口基数大，相对来说科普设施略显不足（16.58 分），科普经费支持力度更有待进一步提高（6.28 分）。门头沟区相对而言科普经费略有优势（34.16 分），科普政策支持方面最差（0 分），其科普传媒和科普活动方面也亟待改进。

通州区当前首要从科普传媒（0 分）和科普活动（0 分）两方面加大建设，通州区当前拥有最大的优势为科普政策优势（50.51 分）。顺义区当前首要从科普设施（0 分）和科普经费（0 分）两方面加大建设和扶持；昌平区最大的弱势为科普传媒（3.78）。大兴区最大的弱势为科普人员（0 分），除科普政策外（63.22 分），科普设施、科普经费、科普传媒、科普活动均显不足。怀柔区科普传媒能力较差（4.77 分）。平谷区科普活动组织能力较差（1 分）。密云区（0.48 分）、延庆区（7.03）科普传媒能力较差。

第三步：计算各地区整体得分。

总得分的计算分别采用以下两种方法。

第一种方法是根据专家评分计算得到一级指标的权重矩阵（科普人员 0.3424，科普设施 0.1880，科普经费 0.2083，科普传媒 0.0702，科普活动 0.0818，科普政策 0.1092），与其能力评价矩阵乘积得到。

第二种方法是根据将二级指标得到的权重矩阵与无量纲矩阵乘积得到。

经计算，两种方法得到的值均相同（表 4-6）。

表 4-6 首都各区科普综合能力评价

地区	得分	地区	得分
东城区	0.55	通州区	0.16
西城区	0.42	顺义区	0.10
朝阳区	0.52	昌平区	0.33
丰台区	0.25	大兴区	0.13
石景山区	0.30	怀柔区	0.32
海淀区	0.36	平谷区	0.18
门头沟区	0.22	密云区	0.25
房山区	0.13	延庆区	0.46

为了方便比较，将评分值换算成百分制，得到图 4-7。

同样按照“优、良、中、可、差”五分类方法将各地区科普能力评价综合值进行等差值分类。第一类为优秀，分值为80分及以上；第二类为良好，分值为大于等于60分小于80分；第三类为中等，分值为大于等于40分小于60分；第四类为尚可，分值为大于等于20分小于40分；第五类为较差，分值为大于等于0分小于20分。

第一类优秀地区为东城区、朝阳区；

第二类良好地区为延庆区、西城区；

第三类中等地区为海淀区、昌平区、怀柔区、石景山区；

第四类尚可地区为密云区、丰台区、门头沟区；

第五类较差地区为平谷区、通州区、房山区、大兴区、顺义区。

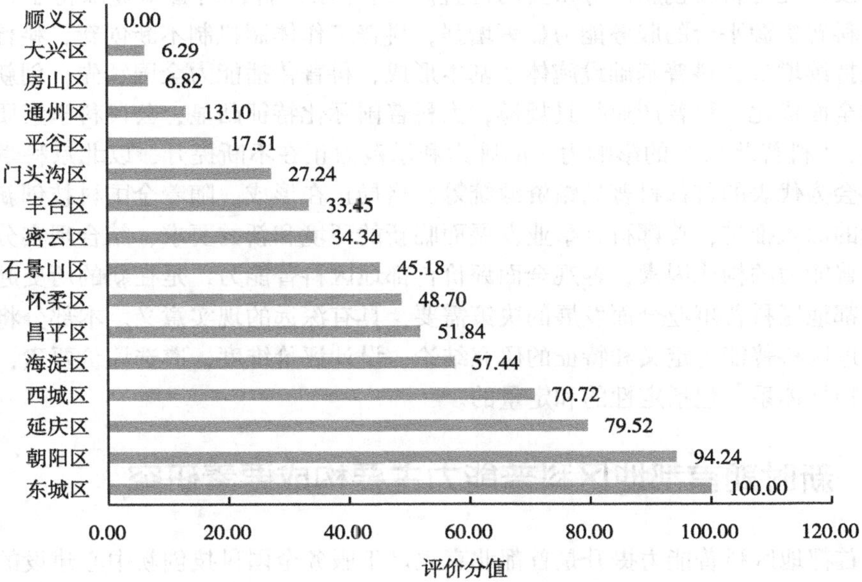

图 4-7 首都各区域科普能力综合评价分值

5 新时期首都地区科普能力评价指标体系创新研究

习近平总书记指出："科技创新、科学普及是实现创新发展的两翼，要把科学普及放在与科技创新同等重要的位置。"近年来，首都科普事业取得了长足进步：科普资源平台的服务能力显著增强，科普工作体制机制不断创新，科普人才队伍持续增长，科普基础设施体系基本形成，科普传播能力全国领先，创新文化氛围全面优化，科普产业初具规模，大科普国际化特征凸显，公民科学素质显著提高，"科普北京"的影响力、品牌力和示范力正在不断提升，以北京科学教育馆协会为代表的首都科普场馆资源统筹新格局正在形成。随着全国科技创新中心建设的深入推进，首都科普事业发展面临新的环境和新的要求，结合现实分析首都科普能力的构成因素，客观全面评价首都地区科普能力，是在新的历史起点推进首都地区科普事业全面发展的决策需要，具有深远的现实意义。本部分将根据首都地区科普能力定义和特征的研究结论，设计评价维度，遴选评价要素，构建评价指标体系，包括定性的和定量的。

5.1 新时期首都地区科普能力主要构成要素研究

首都地区科普能力提升是首都北京立足于服务全国科技创新中心建设的核心宗旨，在创新引领、政府主导、社会参与、共享发展方针指引下，将制度完善、机制创新作为支撑条件，统筹人才、设施等科普投入，提高新技术、新产品、新模式、新理念等科普产出，实现首都优势科技资源向科普资源转化，推进首都科普的信息化、产业化、国际化、智慧化，面向提升公民科学素养、营造全社会创新氛围、引领京津冀协同发展、推进创新发展战略所表现出来的综合能力。

决定首都地区科普能力的因素，综合体现在投入、产出和支撑 3 个方面，即决定首都科普能力的 3 个维度。

5.1.1 首都地区科普投入要素分析

科普是公益事业。科普投入是开展科普工作的最基本保障。首都地区科普投入能力要素表现为首都地区在人员、基础设施、项目3个方面的投入力度。

（1）首都地区科普人员

科普人员指的是具备一定科学素质和科普专业技能、从事科普实践的工作者。包括从事科普管理、科普创作、科技场馆工作、科普活动组织运营等专职人员，也包括从事科普兼职工作的科学家和注册科普志愿者。首都地区科普人员广泛分布在政府、社区、院所、学会协会、高校、乡镇、媒体、企业、园区、公益组织等机构；角色分工包括管理、研究、策划、创作、设计、讲解、主持、组织运营等。随着科普产业的发展，越来越多来自不同机构、不同职业背景、不同年龄、不同性别的人，参与到科普工作中。科普人员是首都科普事业发展的主力军，其人员数量、专业素质和综合服务能力，对首都科普工作具有重要影响。

决定首都科普能力体现在科普人员投入方面的要素包括：数量要素，如首都地区专兼职科普人员的总数、首都地区专兼职科普人员的人口占比；素质要素，如首都地区具有本科以上学历或中级以上职称专兼职科普人员占比、科研职业背景的专兼职科普人员占比；服务能力要素，如首都地区科普创作人员占比、科普组织管理人员占比、农村科普人员占比等。

（2）首都地区科普基础设施

科普基础设施属于公共服务体系，是科普能力建设的重要组成部分，主要包括科技馆、科技类博物馆、基层科普设施、数字科技馆以及其他具备科普展示教育功能的场馆（场地）。目前，首都地区的科普基础设施包括科技馆及科技类博物馆，如中国科技馆、北京科学中心等；基层科普设施，如科普画廊、城市社区科普活动室、以科普中国乡村E站为代表的农村科普活动场地；流动科普设施，如科普宣传车、“中国流动科技馆”等；数字科技馆，如中国数字科技馆、“蝌蚪五线谱”等；其他科普基础设施还包括科普基地。科普基础设施既是面向广大公众开展科普教育的重要载体，也是面向青少年进行各种非正式教育的重要平台。

决定首都科普能力体现在科普基础设施投入方面的要素包括：规模要素，如首都地区科普基础设施存量规模、首都地区科普基础设施人均占比、基层科普设施面积占比、流动科普设施数量；运营要素，如首都地区基础科普设施正常运营占比、首都地区基础科普设施运营时长占比；效果要素，如年度接待总人次、年度接待饱和度等。

（3）首都地区科普项目

项目是指一系列独特的、复杂的并相互关联的活动，有着明确的目标或目的，必须在特定的时间、预算、资源限定内依据规范完成。科普项目是为实现科普目标或完成科普任务，由科普主体组织实施并在一定的时间、预算、资源限定内依据规范完成的一系列关联活动，主要是以财政经费形式支持开展的，推动着科普工作有序进行，包括研究、创作、设计、开发、活动等多种类型。科普项目投入的规模和科普项目执行的效率，综合体现了国家或地区的科普重视程度和开展科普工作的实力。

决定首都科普能力体现在项目投入方面的要素包括：规模要素，如首都地区年度科普项目总量、首都地区年度科普项目立项执行机构占比、首都地区年度科普项目人口占比（项目数量/万人）等；效率要素，如年度科普项目立项执行总数、年度科普项目立项执行占比（立项数量/申请数量）等。

5.1.2 首都地区科普产出要素分析

科普产出是科普能力水平的重要评价维度。通过调研《科普投入产出相关文献研究综述》（李建坤等，2015）等文献，笔者认为，科普产出包括科普传媒和科普活动两个方面。

（1）首都地区科普传媒

科普传媒是科普工作的一个重要方面，对提高公民科学素质具有重要的意义，也是科普事业发展评价中的要素之一，具体指依托于电台、电视台、纸媒等媒体的科普作品出版、发行、传播情况。随着“互联网+”技术的普遍应用，网站、微博、微信、APP等已成为科学传播的网络（线上）载体；分布于科普基础设施的多媒体一体机、互动投影、虚拟仿真智能头显设备等，已成为科学传播的线下载体。加载在网络及线下互动传播载体之上的图文、GIF、动漫、微视频、H5、互动游戏、虚拟仿真系统等，已经成为信息化时代的科普新传媒。依托有利的政策环境和科技环境，首都地区科普传媒发展迅速。截至2017年底，市科委认定科普传媒基地30家；图书、期刊、音像、广播电视等传统科普传媒数量和产出都位居全国前列。新媒体应用发展迅速，形成了以“蝌蚪五线谱”网站为龙头，以手机APP终端、社区数字科普视窗、楼宇电视、地铁公交电视为延伸，以“科普中国”为重点的新媒体传播平台网络。

决定首都科普能力体现在科普传媒产出方面的要素包括：数量因素，如图书、期刊、音像等传统科普媒体出版发行量、人均传统媒体占比；专题网站

（频道）数量；专题网站（频道）年产内容量（TB）；微信、微博等新媒体的发文量；媒体融合创作量等。质量要素，如科研机构参与的科普传媒产出占比；院士、教授等高级职称科研人员参与的科普传媒产出占比。效果因素，如图书、期刊、音像等传统科普媒体成果量（知识产权数量、获奖数量）；微信、微博等新媒体浏览量、阅读量、转载量；突发或重点科学事件新媒体平均响应速度和传播效率等。

（2）首都地区科普活动

科普活动是在一定的背景下，以开发公众智力和提高素质为使命，利用专门的普及载体和灵活多样的宣传、教育、服务形式，面向社会、面向公众，适时、适需地传播科学精神、科学知识、科学思想和科学方法，实现科学的广泛扩散、转移和形态转化，从而取得预想的社会、经济、教育和科学文化效果的社会化科学传播活动。完整的科普活动需要经过策划、组织管理、制作、宣传、展示、效果评估、反馈等过程。衡量科普活动的组织管理水平，应考虑以下几个方面因素：科普活动的覆盖范围、公众理解科学到公众参与科学的程度；活动内容如何更好贴近公众实际和需求开展；采取公众易于理解、接受、参与的方式组织活动；健全的科普活动服务组织管理机制。

决定首都科普能力体现在科普活动产出方面的要素包括：数量要素，如科普活动总量、科普活动参与人数；质量要素，人均参与活动次数、面向社会开放科研机构占比、国际性活动占比、科普活动参与者的满意度等。

5.1.3　首都地区科普支撑要素分析

科普政策是做好科普工作，提升科普绩效的重要支撑能力。科普政策在一定程度上可反映该地区对于科普的受重视程度，发挥优势让更多的优质资源加入科普阵营，是体现科普能力建设水平的重要维度。

科普政策对科普事业发展的支撑作用，具体体现在科普经费落实和科普体制机制建设两个方面。

（1）首都地区科普经费落实

落实科普经费是科普政策发挥的重要作用之一。首都地区科普经费落实体现在经费筹集和经费使用两个阶段。

决定首都科普能力体现在科普经费落实方面的要素包括：数量要素，如首都科普社会经费年度筹集总额、政府财政经费年度筹集总额占比、社会来源经费（自筹经费）年度筹集总额占比等；质量要素，如人均科普经费、活动经费支出占比、基建经费支出占比等。

（2）首都地区科普体制机制

科普的体制机制建设水平是科普政策支撑效果的直接体现，保障了科普目标的实现。科普管理体制和工作机制建设水平，反映在科普工作组织体制和联动协作机制建设、科普工作管理机制建设、科普工作激励机制建设和科普工作队伍建设4个方面。

决定首都科普能力体现在科普体制机制方面的要素，主要体现在体制机制建设的质量上，包括专业科普研究与服务机构占比、科普联动协作机构占比、专职科普工作人员占比、基层科普服务站点数量、基层科普服务岗位占比、基层人均科普服务机构数量等。

5.2 新时期首都地区科普能力新的构成要素研究

为实现建设具有全球影响力的科技创新中心目标，首都地区科普能力建设应走在国内乃至世界的前沿。评价首都地区科普的能力，应顺应新的发展环境和新的时代要求。遵循“整体框架稳定，局部优化提升”的总体思路，贯彻实事求是和与时俱进的思想，创新思路和视角，研究首都地区科普能力新的构成要素，优化科普能力评价指标，使之更加符合首都科普能力建设的新形势、新要求。

结合新形势下首都科普能力建设面临的新机遇、新挑战和新要求，首都地区科普能力构成要素，应具备以下特点：

第一，能够反映“互联网+”新技术、新理念，特别是新媒体在丰富科普传媒方面发挥的作用；第二，能够全面体现科普投入在科普能力建设中发挥的作用；第三，能够强化科普产出在体现科普能力建设效果方面的作用；第四，能够在首都科普能力方面体现科普支撑要素的作用；第五，在大众创业、万众创新的时代背景下，能够体现科普能力建设对首都科技创新的贡献。

在科普能力投入、能力产出、支撑维度，分析提出5项构成首都地区科普能力新的要素，拟用作确定首都地区科普能力评价指标的依据。

5.2.1 首都地区科普能力投入维度新要素

首都地区科普能力投入维度新要素是科普投入质量。

科普投入质量包括人才投入质量、设施投入质量、项目投入质量3个方面。

新形势下，首都地区投入要素需要提质增效。人才投入方面，体现能力的除了人才数量、学历层次等指标外，科普专门人才占比、从事科普的在岗科技人员占比；设施投入方面，除了传统数量、面积等方面的评价外，基础设施的运营率、更新率和利用率也应成为能力评价考虑的重要方面；项目投入方面，除了从数量方面评价外，更需要从项目执行绩效、项目执行管理等方面评价政府在科普投入方面的能力（表5-1）。

表5-1　科普投入质量衡量指标及标准

衡量指标	衡量标准
人才投入质量	科普专门人才数量、从事科普的在岗科技人员数量、基层科普人才数量、区域科普人员均衡性
设施投入质量	运营率、更新率、利用率
项目投入质量	执行绩效、执行管理

5.2.2　首都地区科普能力产出维度新要素

（1）要素一：科普活动影响力

科普活动影响力包括公众参与科普活动程度和科普活动的知名度两方面。其中公众参与度包括一些企业、高校、科研院所和社会组织利用自身优势参与科普事业，形成社会力量办科普的局面。首都科普活动的知名度可用科普活动知名品牌数量、国际性科普活动数量和科普活动关注热度来衡量（表5-2）。

表5-2　科普活动影响力衡量指标及标准

衡量指标	衡量标准
公众参与度	社会力量参与科普占比
科普活动知名度	知名品牌科普活动数量 国际性科普活动数量 科普活动关注热度

（2）要素二：科普产业化程度

首都地区科普产业发展已具备一定的规模和水平，下一步的发展重点应当是充分发挥市场配置资源的决定性作用提升科普产业化程度。科普产业化程度包括科普产业的标准化程度、科普与二三产业融合程度、科普事业的创新程度、科普市场化程度多方面（表5-3）。科普产业的标准化程度具体可表现为形成科普行业内部的标准化规范制度和章程，制定首都地区科普产品目录，规范科普市场。科普产业与二三产业结合程度可以采用科普产业与文旅产业相结合的密集程度来表示。科普事业创新度，包括现有人才队伍的创新能力，科普服务的创新能力，科普产业技术的创新能力、双创的发展程度等多方面。科普市场化程度是指充分整合现有资源，让科技资源发挥最大科普效率的程度，可采用科普的投入产出比来表示。其中，投入变量主要包括科普人员投入、科普设施投入、科普经费投入，产出变量主要包括科普传媒和科普活动两方面。

表 5-3 科普产业化程度衡量指标及标准

衡量指标	衡量标准
科普产业标准化程度	科普行业标准化章程和制度
科普与二三产业结合度	科普与文旅产业结合度
科普事业创新度	科普服务创新、产业技术创新、创新创业发展速度等
科普市场化程度	科普投入产出比

（3）要素三：科普支撑科技创新程度

作为我国人才资源最为集聚的省市之一，首都北京拥有科研实力雄厚的高校和科研院所，以及高水平的科技研发团队和机构，为科技创新提供了充足的人力保证。现阶段，科普服务科技创新主要的落脚点在于提升公民科学素质，引导公民借助所学科学知识，运用科学的态度，在生产生活中提高效率，推进科技创新，保证科技事业健康有序发展，为科技创新提供支撑。笔者认为科普支撑科技创新程度可用首都公民科学素质水平和公民科学素质提升表示（表 5-4）。

表 5-4 科普服务科技创新程度衡量指标及标准

衡量指标	衡量标准
公民科学素质水平	公民具备科学素质比例
公民科学素质提升	公民具备科学素质比例提升率

（4）要素四：科普新媒体化程度

新媒体技术和手段的广泛应用，正深刻改变着社会公众的信息获取方式。信息化背景下，首都地区应进一步结合“互联网+”技术，提高以现代通信、网络、数字技术、大数据开展新媒体科学传播的程度。科普新媒体化程度指科学传播与新兴媒体的结合程度，表现为科普新媒体产出水平和传播水平两个方面。科普新媒体产出水平包括新媒体平台的数量以及年内容产量两个方面；科普新媒体传播水平主要体现为微信、微博等新媒体浏览量、阅读量、转载量，以及突发或重点科学事件新媒体平均响应速度和传播效等（表 5-5）。

表 5-5 科普新媒体程度衡量指标及标准

衡量指标	衡量标准
新媒体产出水平	专题网站（频道）数量 专题网站（频道）年产内容量 科普公众号数量、科普微博数量 微信、微博等新媒体的科普发文量 媒体融合创作量
新媒体传播水平	微信、微博等新媒体浏览量、阅读量、转载量； 突发或重点科学事件新媒体平均响应速度和传播效率

5.2.3 首都地区科普支撑维度新要素

首都地区科普支撑维度的新要素是科普经费落实度。

科普经费落实度包括科普经费落实总量和科普经费投入产出结构两个方面（表 5-6）。具体来看，科普经费落实总量为地区科普经费落实总量和人均科普经费落实量。科普经费结构包括科普经费的投入结构和科普经费的支出结构，经费投入主要来自政府拨款和其他社会化支持，科普经费的支出主要用于科普场馆等硬件设施的建设支出、举办科普活动支出、科普软实力提升支出（如鼓励科普创新创作）等方面。

表 5-6 科普经费支持度衡量指标及标准

衡量指标	衡量标准
科普经费总量	地区科普经费投入总数量 人均科普经费占有量
科普经费结构	社会化科普经费投入占比 科普经费各项支出占比

5.3 新时期首都地区科普能力评价指标体系建立的原则

5.3.1 一般原则

建立指标体系的一般原则包括科学性、可比性、可行性、系统性等。

（1）科学性

科学性是指标构建中所要遵循的首要的和最重要的原则。主要指在指标的选取过程中要注重理论和实际相结合，既要有可靠的理论依据，又要客观地反映评估对象的实际情况，同时采用科学的方法。因此，在构建能力评估指标体系时，应该立足于理论的指导，科学严谨地设计基本框架和逻辑结构。

构建首都地区科普能力指标体系，要建立在已有的理论成果基础上，特别是要重点参考国家科普能力评价指标体系，充分考虑各方面影响因素，全面反映首都地区科普能力。同时，指标的选取、模型的设计、权数的确定、数据的获得都须依据科学的方法，统计口径确定、赋权以及含义解析须紧密联系现实。

（2）可比性

科普能力评价既要满足跨地区的横向对比又要满足跨时间的纵向对比。

首都地区科普能力评价旨在体现首都地区科普能力发展现阶段水平，在横向和纵向对比中弥补不足，并提出对策建议。因而，构建首都地区科普能力评价指标体系，指标的选取首先要符合空间上和时间上的可比性原则。指标可比的重要前提，是要保证各指标的独立性，同一层次的指标不能交叉重叠，否则，无法进行比较。并且，选取的指标应体现代表性，不能过于追求全面，简单明了具有代表性的指标应当优先考虑，否则，难以达到预期的效果。

（3）可行性

可行性原则指的是评价指标体系的现实可操作性。

首都地区科普能力评价涉及首都各个区县，需要从投入、产出和支撑等多方面进行测评，既要把握理论高度，又要落地现实。一方面，设计的指标应可测定。虽然科普能力是比较抽象难以量化的概念，但也可以有代表性且能实际量化的指标体现，尽量采用定量指标，如采用定性指标，定性描述也应该具有可测性，如实在无法直接测定，也应通过可测的间接指标来进行测量。另一方面，设计的指标数据应可获得。如果所需数据获得渠道不畅通，不仅给测评工作增加难度，也将只能停留在理论阶段，无法付诸实践，无法成为科学、可行的评估指标体系供相关部门使用。

（4）系统性

系统性原则首先指的是指标的选取要全面系统，要依据现实分析首都地区科普工作特点，体现出首都科普能力的方方面面。其次，要考虑系统优化原则，在确保全面、详实的基础上尽可能地优化指标选取，既避免冗余交叉等，又避免不完整、不全面。最后，要采用系统的评价方法，例如层次分析法，将首都地区科普能力作为一个系统，通过分析、比较和归纳将其分解为多个目标，进而分解为多指标的若干层次，通过对原始数据进行赋权来量化每个层次的影响，定性和定量分析相结合，使得指标体系具有系统科学性。

5.3.2 特殊原则

本部分提出的评价指标体系将用于首都北京科普能力评价。首都的特殊政治地位、“四个中心”定位和世界城市目标下的城市规划，对指标体系的构建提出了特殊的要求。首都地区科普能力指标体系的构建既要符合指标体系构建的一般性原则，也要遵循自身所赋予的特殊性原则。出于评价原则和目标考虑，本部分将主要从首都职能、发展战略、外部宏观环境、经济社会发展水平等维度对指标体系构建的特殊性进行分析。

（1）首都职能

首都，又称国都、首要城市或行政首府，是一个国家的政治中心和中央政府所在地。2014 年2 月，中共中央总书记习近平视察北京并发表讲话，对北京的核心功能，做出过明确的城市战略定位，要求坚持和强化北京作为全国政治中心、文化中心、国际交往中心、科技创新中心的核心功能，深入实施人文北京、科技北京、绿色北京战略，努力把北京建设成为国际一流的和谐宜居之都。科普隶属于首都核心功能范畴，是科技中心、文化中心功能的体系和要求。首都地区科普事业的发展旨在通过政府的力量，普及科学知识、科学精神和科学方法，提升首都公民的整体素质和社会创新能力。科普事业由于其基础性和普及性，将对市民生活和首都职能的方方面面产生不可忽视的影响。所以，在评价过程中除了对首都地区科普资源状况、科普效果进行评价外，还应该考虑科普发展对于首都以科技创新中心为核心功能的带动、促进作用，以及对首都这一特殊职能的支撑作用，例如首都科普能力和首都综合治理能力、科技创新能力的协调作用。

（2）城市发展战略

城市发展战略是明确城市使命和愿景，确定未来主要工作目标、方向的根本大计。首都北京的城市战略定位是全国政治中心、文化中心、国际交往中心、科技创新中心。“四个中心”的战略定位和北京城市总体规划（2016—2035），对首都地区科普能力评估指标体系建立的影响非常明显，不仅对指标体系的构建起引导作用，还能减少指标构建过程中的不确定因素，并提供评价的依据和标准，提高评价的针对性和有效性。首都地区科普能力评价是体现国家意志的，是指向未来的，具有引领性和导向性。依托于国家战略制订的首都科普发展战略和发展规划就是最直观、科学的引导，因而，能力评估指标设计要从首都发展战略出发，探寻与能力相关的各方面关键指标，有效发挥其在地区科普能力建设中的引领作用和在未来发展中的导向作用。在国家和北京市五年规划的背景下，首都北京先后颁布实施了《北京市中长期科学和技术发展规划纲要（2008—2020年）》《北京市“十二五”科学技术普及发展规划纲要》《北京市全民科学素质行动计划纲要实施方案（2011—2015年）》《北京市“十三五”时期科学技术普及发展规划》《北京市“十三五”时期加强全国科技创新中心建设规划》《北京市全民科学素质行动计划纲要实施方案（2016—2020年）》等。随着首都“四个中心”功能建设的推进，科普成为支撑首都北京全国科技创新中心建设的基础性工程，科普能力建设也要围绕培育创新文化生态环境、激发全社会创新创业活力等方面展开。2016年《北京市“十三五”时期科学技术普及发展规划》提出：到2020年，建成与全国科技创新中心相适应的国家科技传播中心，首都科普资源平台的服务能力显著增强，科普工作体制机制不断创新，科普人才队伍持续增长，科普基础设施体系基本形成，科普传播能力全国领先，创新文化氛围全面优化，科普产业初具规模，公民科学素质显著提高，“首都科普”的影响力和显示度不断提升。因此，首都地区科普能力评价应体现资源平台、体制机制、科普人才、科普基础设施、科普传媒、科普产业、公众科学素质、创新文化、品牌影响力等方面的量化评估。

（3）外部宏观环境

国家层面的宏观环境是影响科普能力评价的重要因素。国家层面的发展观和经济体制在很大程度上决定着首都地区科普能力评价指标体系的内容。党的十八大以来，北京市政府把学习贯彻习近平总书记重要讲话精神转化为推动首都发展的实际行动。贯彻习近平总书记在2016年“科技三会”提出的“科技创新、科学普及是实现创新发展的两翼，要把科学普及放在与科技创新同等重要的位置”，首都北京在《北京市“十三五”时期加强全国科技创新中心建设规划》明确提出要培育全社会创新精神。加强科普服务能力，提升公众科学素养。实施科普惠及民生、科学素质提升、科普设施优化、科普产业创新、“互联网+”科普、科普助力创新、科普协同发展等引领工程。举办全国科技活动周暨北京科技周、北京“双创”活动周、创新创业大赛、发明大赛，开展院士专家校园行、企业行、社区行、京郊行等系列科普活动，形成全社会人人关心创新、鼓励创新、尊重创新、保护创新的良好氛围。”可见，建设全国科技创新中心，加强首都市民的科学素质是重要的基础性工程。因此，首都科普能力评价指标体系的构建必须要和这些新理念、新任务相适应，在指标中突出首都创新精神培育的相关内容。

（4）经济社会发展水平

科普是政府支持的公益事业。经济社会发展水平，将直接影响公民和主要部门对科普内容、科普方式的需求，也会影响其科普事业发展的侧重面。作为全国科技创新中心，首都市民对科普内容的广度、深度，科普方式的新颖化、多元化都提出了较高的要求，接受科普的渠道也要求多种多样，在科普过程中的自主性和积极性也更突出，同时首都地区经济发展的高水平、公民的高素质、科普设施的高配置也支持首都进行系统性、高端化的科普。因此，体现适合首都经济发展水平的指标也应体现出来。

任何事物都是共性和个性的结合体。在设计首都科普能力评估指标体系的过程中，既要遵循指标体系设计的科学性、可测性、可行性、系统性等一般原则，又要从主体出发，结合实际，考察首都核心功能、发展战略、外部宏观环境、经济社会发展水平等对科普能力的影响，只有这样，才有利于指标体系的科学设计，实现其引领性和导向性。

5.4 新时期首都地区科普能力评价指标设计

首都地区科普能力是首都北京立足于服务全国科技创新中心建设的核心宗旨，在创新引领、政府主导、社会参与、共享发展方针指引下，将制度完善、机制创新、传媒融合作为支撑条件，统筹人力、设施、项目等科普投入，提高新技术、新产品、新模式、新理念等科普产出，实现首都优势科技资源向科普资源转化，推进首都地区科普的信息化、产业化、国际化、智慧化，面向提升公民科学素养、营造全社会创新氛围、引领京津冀协同发展、推进创新发展战略所表现出来的综合能力。设定首都地区科普能力评价指标，首先需要从首都地区科普能力的内涵出发，明确在投入、产出、支撑维度上体现首都地区科普能力的因素。结合前文研究取得的结论，立足于建立具有首都地区特色的科普能力评价指标体系，笔者认为：在投入维度，能够体现首都科普能力的要素包括科普人员、科普设施；在产出维度，能够体现首都科普能力的要素包括科普传媒、科普活动、支撑创新；在支撑维度，包括政策、体制在内的科普条件。

科普投入变量能够为科普能力提供驱动作用，科普人员、科普设施属于科普投入；科普传媒、科普活动、支撑创新属于科普产出，包含政策与体制的科普条件属于科普支撑条件。

综合首都地区科普能力评价指标设置原则，选取的一级指标共包括 6 个，分别为科普人员 A1、科普设施 A2、科普传媒 A3、科普活动 A4、支撑创新 A5、科普条件 A6。二级指标共计 33 个，对首都地区科普能力进行综合评价（表 5-7）。

表 5–7 首都地区科普能力评价指标体系

一级指标	二级指标	单位
科普人员 A1	人均科普人员数量（A11）	人次/万人
	高学历层次科普人员数量（A12）	人次/万人
	科普创作人员比例（A13）	%
	农村科普人员比例（A14）	%
	注册科普志愿者比例（A15）	%
科普设施 A2	首都地区人均科普场馆面积（A21）	m^2/万人
	首都地区人均非场馆科普基地数量（A22）	个/万人
	首都地区人均公共场所科普设施数量（A23）	个/万人
	首都地区国家级科普基地占比（A24）	%
	首都地区科普设施利用程度（A25）	%
科普传媒 A3	人均图书发行量（A31）	册/万人
	人均期刊发行量（A32）	册/万人
	电视科普节目播出时长（A33）	时
	广播科普节目播出时长（A34）	时
	人均科普新媒体载体数量（A35）	个/万人
	科普新媒体整体接受度（A36）	人次/万人
科普活动 A4	人均科普活动参加次数（A41）	人次/万人
	人均科普活动周参加次数（A42）	人次/万人
	人均展览馆参观次数（A43）	人次/万人
	人均参与大学科研机构面向社会开放活动的次数（A44）	%
	国际性科普活动占比（A45）	%
	人均参加首都地区年度创新创业科普活动次数（A46）	人次/万人
支撑创新 A5	科普产业经营主体数量（A51）	个
	科普产业投入产出效率（A52）	
	科学素质达标公民人数比例（A53）	%
	公民具备科学素质比例提升率（A54）	%

（续表）

一级指标	二级指标	单位
科普条件 A6	科普经费占 GDP 比重（A61）	%
	科普经费社会筹集比重（A62）	%
	人均科普经费（A63）	万元/万人
	首都地区年度科普项目占比（A64）	%
	首都地区年度科普项目覆盖人口（A65）	万元/万人
	专职科普管理人员占比（A66）	%
	基层人均科普服务机构数量（A67）	个/万人

5.4.1 科普人员

2006年国务院颁布的《全民科学素质行动计划纲要（2006—2010—2020年）》明确提出要加强科普人才队伍建设，指出要“培养专业化人才，发掘兼职人才，建立志愿者队伍，加强理论研究，为公民科学素质建设提供人才保障和智力支撑。”科普人员一般是指具备一定科学素质和科普专业技能、从事科普实践的工作者。科普人员既包括科普创作者、科技类场馆从业人员、社区基层科普工作者、农村科普工作者等专职人员，也包括从事科普兼职工作的科学家和注册科普志愿者。

综合考虑数据的可获取性和首都地区科普能力评价的现实需要，统筹考虑在数量、质量方面的体现，一级指标科普人员下设5项二级指标：人均科普人员数量（A11）、高学历层次科普人员数量（A12）、科普创作人员比例（A13）、农村科普人员比例（A14）、注册科普志愿者比例（A15）。

其中：

人均科普人员数量=（科普专职人员+科普兼职人员）/地区人口；

高学历层次科普人员数量=（具有中级职称以上或大学本科以上学历“专”+“兼”人员）/科普人员总人口；

科普创作人员比例=科普创作人员（专职）/科普专职人员；

农村科普人员比例=（首都近郊及远郊区县从事科普工作的“专”+“兼”人员）/科普人员总人口；

注册科普志愿者比例=注册科普志愿者/科普人员总人口。

5.4.2 科普设施

科普基础设施，又称科普设施，是为公众提供科普服务的重要平台，其发展水平对提升公众科学素质有重大影响（李朝晖等，2011），是国家公共服务体系和国家科普能力建设的重要组成部分。《科普基础设施发展规划（2008—2010—2015）》指出：科普基础设施主要包括科技类博物馆、基层科普设施、数字科技馆以及其他具备科普展示教育功能的场馆。在实际的工作中，流动科普设施和科普传媒机构，也被认为是科普基础设施。展览、讲座和竞赛等科普活动依托其上组织进行。目前，首都地区典型的科普设施包括科技馆及科技类博物馆，如中国科技馆、北京科学中心、北京自然博物馆等；基层科普设施，如科普画廊、城市社区科普活动室、以科普中国乡村 E 站为代表的农村科普活动场地；数字科技馆，如“中国数字科技馆”等；流动科普设施，如科普宣传车、“中国流动科技馆”等。

综合考虑数据的可获取性和首都地区科普能力评价的现实需要，统筹考虑在数量、质量、效果方面的体现，一级指标科普基础设施下设 5 项二级指标：人均科普场馆面积（A21）、人均非场馆科普基地数量（A22）、人均公共场所科普设施数量（A23）、首都地区国家级科普基地占比（A24）、首都地区科普设施利用程度（A25）。

其中：

人均科普场馆面积=（科技馆面积+科学技术博物馆面积）/地区人口；

人均非场馆科普基地数量=非场馆科普基地数量/地区人口；

人均公共场所科普设施数量=（科普专用车+科普画廊）数量/地区人口；

首都地区国家级科普基地占比=国家级科普基地数量/科普基地总量；

首都地区科普设施利用程度=（科技馆年度参观人次+科学技术博物馆年度参观人次）/地区人口。

5.4.3 科普传媒

科普传媒是科普工作的重要方面，具体指依托于电台、电视台、纸媒等媒体的科普作品出版、发行、传播情况。随着“互联网+”技术的普遍应用，网站、微博、微信、APP 等已成为科学传播的网络互动载体；分布于科普基础设施的多媒体一体机、互动投影、虚拟仿真智能头显设备等，已成为科学传播的线下互动载体。加载在网络及线下互动传播载体之上的图文、GIF、动漫、微视频、H5、互动游戏、虚拟仿真系统等，已经成为信息化时代的科普新传媒。

综合考虑数据的可获取性和首都地区科普能力评价的现实需要，统筹考虑在数量、质量、效果方面的体现，一级指标科普传媒下遴选二级指标6个：人均图书发行量（A31）、人均期刊发行量（A32）、电视科普节目播出时长（A33）、广播科普节目播出时长（A34）、人均科普新媒体载体（A35）、科普新媒体整体接受度（A36）。

其中：

人均图书发行量=科普图书发行总册/地区人口；

人均期刊发行量=科普期刊发行总册/地区人口；

电视科普节目播出时长=电视科普节目播出时间；

广播科普节目播出时长=广播科普节目播出时间；

人均科普新媒体载体=（科普网站+科普微博+科普公众号+App）总数/地区人口；

科普新媒体整体接受度=（科普网站+科普微博+科普公众号）科普新媒体总浏览量/地区人口。

5.4.4 科普活动

科普活动是以科普为主题开展的一种有组织、有目的的群体性活动，旨在向公众普及科学技术知识、倡导科学方法、传播科学思想、弘扬科学精神，是促进公众理解科学的重要渠道。“十二五”期间，首都地区科普竞赛举办的次数从2008年的3 203次增加到3 362次；科普国际交流次数出现了先上升再下降的变化，2008年为418次，到2010年上升到442次，2015年时下降到345次；科技活动周科普专题活动次数攀升幅度很大，从2008年的1 774次上升到2015年的6 662次；重大科普活动次数也从2008年的789次上升到2015年的983次。

综合考虑数据的可获取性和首都地区科普能力评价的现实需要，统筹考虑在数量、质量方面的体现，一级指标科普活动下遴选二级指标6个：人均参加科普活动次数（A41）、人均参加科普活动周次数（A42）、人均参观科普展览次数（A43）、人均参与区县大学科研机构面向社会开放活动的次数（A44）、国际性科普活动占比（A45）、人均参加首都地区创新创业科普活动次数（A46）。

其中：

人均参加科普活动次数=年度参与科普活动总人次/地区人口；

人均参加科普活动周次数=科普活动周专题活动参与总人次/地区人口；

人均参观展览次数=年度参观展览总人次/地区人口；

人均参与大学科研机构面向社会开放活动的次数=大学科研机构面向社会开放活动参与人数/地区人口；

国际性科普活动占比=国际性科普活动参与总人数/地区人口；

人均参加首都地区创新创业科普活动次数=（创新创业培训参加人数+科技类项目投资路演和宣传推介参加人数+科技类创新创业赛事参加人数）/地区人口。

5.4.5 支撑创新

科普是支撑创新的重要一翼。支撑创新是从科普工作的实际效果，即产出维度上体现科普能力的重要因素。

科普产业化程度是科普支撑创新作用的重要体现之一。科普产业是以满足科普市场需求为前提，以提高公民科学文化素质为宗旨，通过市场化手段，向国家、社会和公众提供科普产品和相关服务的科普性活动。其核心内容是科普产品和科普服务，并包括创造、生产、传播和消费 4 个环节，最终达到向社会和公众普及科学知识、倡导科学方法、传播科学思想、弘扬科学精神的目的（杨琛，2017)。《北京市“十三五”时期科学技术普及发展规划》提出将“实施科普产业创新工程”作为提升北京市科普工作水平重点实施的八大工程之一。发展科普产业是推动首都地区科普事业发展的关键支撑，是提高北京市公民科学素质的有力平台，是建设全国科技创新中心的重要动力。因此，科普产业化水平与支撑创新密切相关，是体现科普能力的重要方面。

科普支撑创新的另一重要体现在于公民科学素质的提升程度。因为只有公众科学素质的大力提升和普遍提高，首都地区的创新能力和可持续发展才会获得更牢固和广泛的社会基础，才能涵养出科学事业和创新驱动战略的一片沃土，培育出更多的创新人才和高素质创新大军。

综合考虑数据的可获取性和首都地区科普能力评价的现实需要，统筹考虑在数量、效果方面的体现，一级指标支撑创新下遴选二级指标 4 个：科普产业经营主体数量（A51)、科普产业投入产出效率（A52)、科学素质达标公民人数比例(A53)、公民具备科学素质比例提升率（A54)。

其中：

科普产业经营主体数量=（科普图书产业+科普动漫产业+科普影视产业+科普游戏产业+ 科普旅游业）经营主体总和；

建议使用数据包络分析（data envelopment analysis，DEA）方法测度科普的投入产出效率（张绘，2019)；

科学素质达标公民人数比例=科学素质达标公民人数/地区人口；

公民具备科学素质比例提升率=（期末科学素质达标公民人数-期初科学素质达标公民人数）/期初科学素质达标公民人数。

5.4.6 科普条件

科普是公益事业，政策、机制是必要的支撑条件。政策的力度、机制的健全是体现国家和地区科普能力的重要方面。科普政策的力度，直接体现为科普经费的投入比重以及与经费密切关联的科普项目的支持程度。科普工作机制的健全，直观表现为科普服务机构和科普工作管理人员的配置等情况。

综合考虑数据的可获取性和首都地区科普能力评价的现实需要，统筹考虑在数量、效果方面的体现，一级指标科普条件下遴选二级指标7个：科普经费占GDP比重（A61）、科普经费社会筹集比重（A62）、人均科普经费（A63）、首都地区年度科普项目占比（A64）、首都地区年度科普项目覆盖人口（A65）、专职科普管理人员占比（A66）、基层人均科普服务机构数量（A67）。

其中：

科普经费占GDP比重=年度科普经费筹集额/地区年度GDP；

科普经费社会筹集比重=（社会捐赠+自筹资金+其他收入）总额/科普经费筹集总额；

人均科普经费=科普经费总额/地区人口；

首都地区年度科普项目占比=首都地区年度科普项目立项总数/首都地区年度项目立项总数；

首都地区年度科普项目覆盖人口=首都地区年度科普立项项目总额/地区人口；

专职科普管理人员占比=专职科普管理人员数量/专职科普人员数量；

基层人均科普服务机构数量=基层科普服务机构数量/地区人口。

5.5 首都地区科普能力评估

采用AHP方法对首都地区科普能力进行综合评估。科普能力的评价指标涉及多方面的内容，反映综合评价的指标体系丰富，报告采取量化评比标准，为了提高评价指标的可操作性，仅采取部分指标参与评分过程。

5.5.1 数据来源与指标权重确定方法

选取首都地区及下设的 16 区 2015 年统计数据作为样本。

在构建评价指标体系的基础上，本部分采用层次分析法进行权重确定。

专家打分法具体过程如下：邀请从事科普能力评价方面专家，征集科普领域专家意见，通过发放评价打分表向专家了解首都地区科普能力评估指标间的重要性程度，最终得到地区科普能力指标体系对应的权重。以上过程可以分为 4 个步骤。

第一步，建立问题的递阶层次结构模型。把实际问题分解为若干因素，然后按属性的不同把这些因素分成若干组，划分递阶层次结构。

第二步，构造判断矩阵。判断矩阵的构造依据相邻因素的“重要性”为依据。以 A 为目标，i、j 为评价因素，评分代表 i 因素对 j 的相对重要程度。

第三步，层次单排序及判断矩阵一致性检验。层次单排序是指，对于上一层某个因素准则而言，本层次因素的重要性排序。

第四步，层次总排序及一致性检验。确定某层所有因素对于总目标相对重要性的排序权值过程，称为层次总排序。层次总排序是为了获得层次结构中某一层元素对于总体目标组合权重和它们与上层元素的相互影响，需要利用该层所有层次单排序的结果，然后计算出该层元素的组合权重，此过程即被称为层次总排序。

5.5.2 构建综合评价模型

指标体系的构建过程需要考虑多方面的内容：第一，评价指标的选取应立足于北京地区现阶段科普能力的具体内涵界定；第二，量化指标基于数据可获得性标准，对于经济发展新常态背景下，社会经济发展方式发生的深刻变革，尤其将各类科普媒体、科普活动以及科普传媒发展情况考虑在内。而对于尚未获取或是仅有近一两年累积量的数据采用定性分析方法。

将首都地区科普能力评价一级指标设定为：投入维度的科普人员、科普设施；产出维度的科普传媒、科普活动、支撑创新；支撑维度的科普条件。

科普人员层面的能力测量指标为：人均科普人员数量、高学历层次科普人员数量、科普创作人员比例、农村科普人员比例、注册科普志愿者比例；科普设施层面能力测量指标为：人均科普场馆面积、人均非场馆科普基地数量、人均公共场所科普设施数量、首都地区国家级科普基地占比、首都地区科普设施利用程度；科普传媒层面能力测量指标为：人均参加科普活动次数、人均参加科普活动周次数、人均参观科普展览次数、人均参与区县大学科研机构面向社会开放活动的次数、国际性科普活动占比、人均参加首都地区创新创业科普活动次数；科普活动层面的能力测量指标为：人均参加科普活动次数、人均参加科普活动周次数、人均参观科普展览次数、人均参与区县大学科研机构面向社会开放活动的次数、国际性科普活动占比、人均参加首都地区创新创业科普活动次数；支撑创新层面的能力测量指标为：科普产业经营主体数量、科普产业投入产出效率、科学素质达标公民人数比例、公民具备科学素质比例提升率；科普条件层面能力测量指标为：科普经费占 GDP 比重、科普经费社会筹集比重；人均科普经费、首都地区年度科普项目占比、首都地区年度科普项目覆盖人口、专职科普管理人员占比、基层人均科普服务机构数量（图 5-1）。

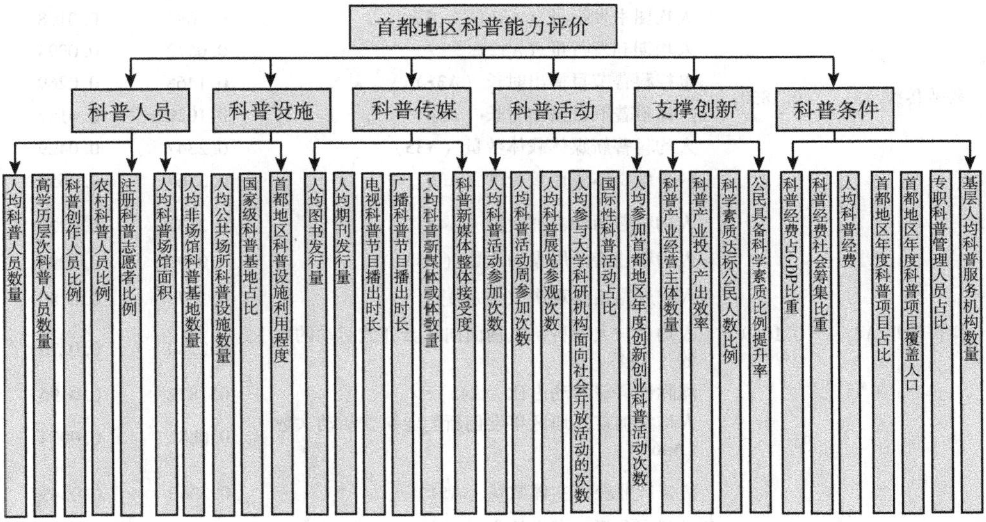

图 5-1 首都地区科普能力评价结构图

5.5.3 计算首都地区科普能力评价指标权重

对首都地区科普能力评价的一级指标包括科普人员、科普设施、科普传媒、科普活动、支撑创新和科普条件 6 项，通过专家打分及采用层次分析法最终确定权重。通过归一化处理，得到 6 项指标的重要程度排序依次为：科普人员（0.3831）>科普传媒（0.1830）>科普条件（0.1160）>科普设施（0.1071）>科普活动（0.1069）>支撑创新（0.1039）（表 5-8）。

表 5-8 首都地区科普能力指标体系权重

一级指标	权重	二级指标	同级权重	全局权重
科普人员 A1	0. 3831	人均科普人员数量（A11）	0. 1771	0. 0678
		高学历层次科普人员数量（A12）	0. 2807	0. 1075
		科普创作人员比例（A13）	0. 3533	0. 1353
		农村科普人员比例（A14）	0. 1195	0. 0458
		注册科普志愿者比例（A15）	0. 0696	0. 0266
科普设施 A2	0. 1071	首都地区人均科普场馆面积（A21）	0. 2307	0. 0247
		首都地区人均非场馆科普基地数量（A22）	0. 0998	0. 0107
		首都地区人均公共场所科普设施数量（A23）	0. 1545	0. 0165
		首都地区国家级科普基地占比（A24）	0. 1497	0. 0160
		首都地区科普设施利用程度（A25）	0. 3654	0. 0391
科普传媒 A3	0. 1830	人均图书发行量（A31）	0. 1084	0. 0198
		人均期刊发行量（A32）	0. 0512	0. 0094
		电视科普节目播出时长（A33）	0. 1468	0. 0269
		广播科普节目播出时长（A34）	0. 1022	0. 0187
		人均科普新媒体载体数量（A35）	0. 2347	0. 0429
		科普新媒体整体接受度（A36）	0. 3567	0. 0653
科普活动 A4	0. 1069	人均科普活动参加次数（A41）	0. 2137	0. 0228
		人均科普活动周参加次数（A42）	0. 0891	0. 0095
		人均展览馆参观次数（A43）	0. 1679	0. 0180
		人均参与大学科研机构面向社会开放活动的次数（A44）	0. 2580	0. 0276
		国际性科普活动占比（A45）	0. 1832	0. 0196
		人均参加首都地区年度创新创业科普活动次数（A46）	0. 0882	0. 0094
支撑创新 A5	0. 1039	科普产业经营主体数量（A51）	0. 3362	0. 0349
		科普产业投入产出效率（A52）	0. 3599	0. 0374
		科学素质达标公民人数比例（A53）	0. 1360	0. 0141
		公民具备科学素质比例提升率（A54）	0. 1679	0. 0174
科普条件 A6	0. 1160	科普经费占 GDP 比重（A61）	0. 2561	0. 0297
		科普经费社会筹集比重（A62）	0. 0886	0. 0103
		人均科普经费（A63）	0. 1497	0. 0174
		首都地区年度科普项目占比（A64）	0. 2034	0. 0236
		首都地区年度科普项目覆盖人口（A65）	0. 1440	0. 0167
		专职科普管理人员占比（A66）	0. 0950	0. 0110
		基层人均科普服务机构数量（A67）	0. 0631	0. 0073

首都地区科普能力中科普人员权重显著高于其他5项指标，说明科普人员队伍建设仍是决定科普能力的最核心、最重要的因素。科普传媒被视为从产出角度体现首都地区科普能力的最重要因素，凸显了首都北京城市战略“四个中心”定位的优势特征，首都地区发达的广电传媒系统和新媒体平台，为科普传媒发展提供了得天独厚的条件，体现了首都地区科普能力优势特点。科普具有显著的公益属性，离不开政策机制条件和场地设施环境，科普条件指标权重虽然略高于科普设施指标权重，但相差不大，权重排序分别排在第三位和第四位，说明了首都地区科普能力建设应当在政策机制条件保障和设施要素投入方面保持现有程度。科普活动和支撑创新两项产出维度的指标权重与科普条件、科普设施差异不大，分列第五和第六位，科普活动权重略高于支撑创新，说明科普活动是首都地区科普能力水平的更显性因素

从二级指标权重来看，科普人员各指标的重要程度排序依次为：人均科普人员数量、高学历层次科普人员数量、科普创作人员比例、农村科普人员比例、注册科普志愿者比例。科普设施各指标的重要程度排序依次为：人均科普场馆数量（0.4574）>人均科普场馆面积（0.3051）>人均公共场所科普宣传设施（0.2375）。科普经费各指标的重要程度排序依次为：科普经费各项指标的重要程度排序依次为：人均科普专项经费（0.4786）>人均科普活动支持（0.3065）>科普经费占GDP比重（0.2149）。科普传媒各项指标的重要程度排序依次为：电视科普节目播出时长（0.4400）>人均图书发行量（0.2790）>人均期刊发行量（0.1289）>科普网站数量（0.0949）>广播科普节目播出时长（0.0572）。科普活动各项指标的重要程度排序依次为：人均科普活动参加次数（0.3906）>人均科普活动周参加次数（0.3151）>人均展览馆参观次数（0.2943）。科普政策各项指标的重要程度排序依次为：科普活动支出占年度经费使用比重（0.5333）>政府年度资金支持（0.3253）>科普活动周政府支持力度（0.1414）。

从全局权重来看，33个二级指标权重大小排序依次为：科普人员学历层次>科普创作人员比例>人均科普专项经费>人均科普人员数量>人均科普场馆数量>人均科普活动支持>科普活动支出占年度经费使用比重>人均科普场馆面积>科普经费占GDP比重>人均公共场所科普宣传设施>政府年度资金支持>人均科普活动参加次数>电视科普节目播出时长>人均科普活动周参加次数>人均展览馆参观次数>人均图书发行量>科普活动周政府支持力度>人均期刊发行量>科普网站数量>广播科普节目播出时长。

6 提升首都地区科普能力的对策与建议

科技创新和科技普及是科普工作的两翼，具有同等的重要地位。“十三五”是全面建成小康社会的决胜阶段、实现中华民族伟大复兴中国梦的重要时期，是首都建设全国科技创新中心，实现京津冀协同发展的关键时期，也是进入创新型国家行列的冲刺阶段，实施创新驱动发展战略和全国科技创新中心城市战略定位，对首都地区科普工作提出更高的要求和建设任务。北京作为全球的政治和经济中心，担负着建设全球有影响力的科技创新中心的责任和使命，科普工作更应具有更高的视野，科普能力建设需要进一步强化，以传播知识、传播精神、传播文化为基本发展理念，创新科普产品，未来国家科普能力建设应在市场化、信息化、精准化和大众化四个方向上寻求突破。结合北京市科普能力建设的现状以及北京市委制定出台《北京加强全国科技创新中心建设重点任务实施方案（2017—2020年）》，本部分提出强化首都地区科普能力的对策参考。

6.1 着力补强弱点，平衡区域科普能力

首都定位于建设全国科技创新中心，各区域的科普能力发展应当相对均衡。当前，首都科普地域间科普能力发展程度差距较大，缩小发展水平差距、解决区域间发展不平衡不充分问题是首要任务。制定科普中长期发展规划，营造科普事业良好的发展环境，根据科普能力评价结果，东城区、朝阳区、延庆区、西城区应当从科普资源、科普成果吸收、利用、宣传等方面发力，重视科普传媒发展，提升科普能力；海淀区、昌平区、怀柔区、石景山区首要聚焦科普经费投入、科普活动组织等；平谷区、通州区、房山区、大兴区、顺义区则需首要加强科普宣传，从科普经费、科普政策多方面提高共同推进科普发展的进程。总体来讲，需要发展落后的区域应当强化政策引导和资金支持，加大各区域间的沟通协作，促进区域科普的协调平衡发展。科普能力优良地区则应该注重科普资源的开放和有效传播，暂时落后地区针对自身发展弱点，在学习并借鉴成功地区的做法经验的

基础上因地制宜，动员广大社会力量参与科普工作等。

6.2 提高重视程度，加大多方科普投入

将区域科普能力提升工作纳入首都各地区发展规划和日程中，加大科普投入力度。科普投入是科普能力提升的关键要素，包括科普人员投入、科普设施投入、科普经费投入等多方面。首先是加强首都科普人才队伍的培养，持续推动科普经费投入的多元化。

首先，人才是北京科普能力提升的根本，努力打造一支更加专业、素质更高的科普人才队伍是北京市科普工作亟须解决的关键问题。立足建设国家科技传播中心的根本任务，首都地区应站在更大视野和国际化高度培养北京的科普人才。首都科技发展对科普工作者提出了更高的要求，社会发展需要公众理解科学，科普队伍的培养需要向多元化、常态化、职业化方向发展。要不断加大培养新时期的科普人才，制定相应的人才管理体制机制，制定科普高端人才引进和管理办法，建立人才库。加强科普队伍建设，一是数量上，在现有专职科普从业人员体制数量上难以大规模扩大的情况下，注重增加科普兼职人员及科普志愿队伍的数量。二是努力提高科普人员综合素质，当前首都地区科普人员结构层次对于实施创新驱动发展战略和建设全国科技创新中心的支撑还存在差距，更应加大科普人才队伍建设，全面提升科普人员素质。三是创新人才发展体制机制，继续落实扫除“唯论文，唯职称、唯学历、唯奖项”专项活动，将教授是否参与公众科普活动作为重要的聘雇及考核因素，鼓励高等院校、科研院所专家教授投入到北京的科普工作建设中；大力培养高水准的科普人才，提高科普人员专业化水平，用国际化的发展环境吸引国际人才，同时加强国际交流合作，提高科普国际影响力；培养会科普内容创新、懂互联网技术的综合型人才；提高具有中级职称人员和创作人员在科普人员中的比例。建立合理的科普人员评价体系与激励机制，对于兼职的科普工作人员，要把科普工作作为考核和评价其工作成就的一项内容，逐步建立科普工作的长效机制。

其次，提高科普工作的重视程度，重视科普发展，增加科普经费投入。虽然北京地区有多个引导性文件、重大工程项目、重大基金项目鼓励科普工作，但是并没有规定科普任务及保障经费投入，北京多个地区科普经费仅占 GDP 比重的 2%左右，经费不足严重制约科普资源开发共享、科普基础设施建设和科普活动的发展。下一步，应当不断加大科普经费在各区域财政中的预算，提高科普经费的投入力度。同时各区域也应当利用政策和税收等政策为科普事业发展提供优惠

措施。

最后，重视基础建设，优化科普设施建设。科普基础设施建设依旧是首都地区基础设施建设的重要组成部分。当前北京地区的科普场馆仍面临相对数量少、功能弱、展品待更新、场馆雷同等多方面的问题，需要合理布局并加强科普场馆建设，提高科普场馆的运营质量。根据提高我国公众科学素质的需要和经济社会发展的实际，在科学论证的基础上，制定《科普基础设施发展规划》和《科学技术馆建设标准》，明确科普设施的发展目标、功能定位、分布、规模和建设方式等，加强对各类科普基础设施建设的规范和指导。通过新建、改建和扩建等方式，建设一批布局合理、管理科学、运行规范、符合需求的科普场馆。鼓励企业、社会团体和非营利组织等社会力量建设专业科普场馆，同时推动高等学校、科研机构、重点实验室建立定期向公众开放的制度，开展科普活动。建立科普场馆开放、流动、协作的运行机制，构建科普资源创新和共享平台，形成综合性场馆和专业性场馆优势互补、协同发展的良好格局。鼓励特色科普场馆建设，鼓励非政府组织、社会力量参与建设科普场馆；对已有的科普场馆进行升级改造，提高场馆展示和管理能力，提升现有科普场馆能力，不断提升基础设施规模、投资力度、丰富展示方式、实现规范化管理，从场馆更新速度、展品丰富性、安全性、趣味性、科学性、新颖性多方面建设；构建科普资源创新和共享平台，鼓励科普设施常态化的开放力度，实现综合型场馆和专业性场馆实现优势互补。

6.3 重视活动策划，打造科普活动品牌

持续提升科普传播网络化、信息化水平。注重科普活动策划，做强科普品牌建设，强化“科普北京”影响力和辐射力。科普内容围绕社会的热点或公众关注聚焦点开展，利用开展科普活动将复杂的科学背景等给出最权威的解释，强化对热点或焦点问题的深刻体会，让科学变得更加简单。科普活动应当关注举办方和民众的双向互动，定期定时向公众征集热点话题，如节能环保、健康饮食、防火防灾等敏感问题，相关部门成立专门小组及时发布权威信息，正确引导社会舆论。建立科学合理的评价指标，科普活动结束后，对科普活动进行绩效评估，让后续科普活动举办更具有针对性。高校、科研机构、大型实验室等定期向青少年开放，及时开展科普讲座，向社会宣传前沿的科技知识，鼓励高校师生、在职人员、传媒从业者参与大型的主题科普活动。北京地区的科普能力位居全国之首，但科普活动品牌的影响力仍旧较为局限，下一步应当聚焦“科普活动周”“科普活动日”，创新活动手段和内容，提升活动效果，使科普活动能够在时间和空间

上拓展延伸，打造具有国际影响力的科普品牌。同时不断创新科普活动，根据不同的主题、内容、形式等策划制订科普活动方案，创新科普活动形式。加强科普资源的国际交流合作，实现全球范围的资源共享。

科普发展应当以需求为导向，旨在让“科学”走进生活，围绕社会经济发展的热点任务和民众关注的热点话题，深入主题特色活动，提高公众对科学认知水平和科学生活能力。科普工作应加强供给与需求的有效对接，提升精准科普服务的能力。如围绕大气污染防治、生态环境改善、食品安全保障、重大疾病攻关、城市管理、生态文明宣传教育等进行的宣传活动，相关部门定期定时向公众征集热点话题。

引入市场化运作机制，培育科普产业，塑造科普品牌。放宽科普准入条件，丰富科普产业化业态，打造“科普+”多种形式的业态，将科普与旅游、电影、游戏等多种活动相结合。

6.4 聚焦新技术，创新科普传播模式

新媒体在公众更容易且乐于接受科学知识的媒介中扮演了重要角色。以新媒介技术推动科学传播方式的创新，建立线上线下一体化的国家科普体系，做好“发球端”和“最后一公里”的建设内容和渠道，推动传统科普服务的线上供给。鼓励各类科研机构、社会主体或个人参与网络科普资源建设，发展科普新媒体，共同将线下科普资源推送到网络平台，打造在线科普品牌和精品栏目。新媒体时代到来，科普更加及时便捷，通过微信、微博、移动互联网电视等设备，覆盖范围在时间和空间上更加便捷。信息的传播平台已经不再局限于电视、报纸、杂志等，而是已经将主力转变到新型的网络平台。科普最重要的是向公众传播科学知识、科学思想和科学观念，其对象受体是所有公众，因此在传播上应当围绕不同年龄层次和知识结构的人们在这里都能找到他们感兴趣和想得到的东西。特别是新一代信息技术、“互联网+”等科技传播手段日新月异，虚拟现实、增强现实、混合现实等新技术和微博、微信、移动客户端等新媒体逐渐渗透到各领域，要求以新技术、新手段、新模式开创科普工作新局面。

6.5 做好制度安排，科学评估科普效果

结合科普事业发展的基本环境，制定合适的制度安排与优惠政策，并做好科普政策效果评估。组织专家队伍共同建立合理的科普评价体系标准，评估优劣、

总结得失，实时监控科普工作开展效果，建立有效的科普体系反馈机制，对首都科普工作及时调整和改进，最大限度保障科普工作的实施效果。加强规划实施监测评估，开展规划实施情况的动态监测和第三方评估，把监测和评估结果作为改进政府科普和创新文化管理工作的重要依据。将科普绩效纳入科研人员职称评定、国家科技计划项目考核。推进区域科普发展指数评价，实现政府对科普事业发展及公民科学素质的有效监测。科普能力的评估应当包括科普投入、科普产出、科普支撑条件三大要素，丰富现有科普工作统计调查数据内容，尤其要补充科普支撑条件、科普政策、创新创业等方面的内容，为科普能力评价提供更全面的数据支持。加大创新创业服务引导，立足新需求，不断营造关心创新、鼓励创新、尊重创新和保护创新的良好社会氛围。建立科普扶持政策体系，形成面向科普研究、科普创作、科普宣传人员的专项激励政策。

7 首都地区科普基地建设实证分析

7.1 密云区生态科普走廊基地示范建设情况

2016年在北京市科委、密云区科委的支持下，启动密云区生态科普走廊建设与示范项目，围绕密云水库东线产业带，在生态休闲旅游中植入科普元素，打造“L”型的生态休闲科普走廊。项目优化升级密云区现有科普基地资源，提升了产业基地的科普服务能力，通过线上线下相结合的科普教育手段，以密云科技馆为核心、辐射九大基地（蔡家洼都市型现代农业科普示范基地、天葡庄园、邑仕庄园、京纯生态蜂文化科普示范基地、奥仪凯源农业科技示范基地、北京张裕爱斐堡国际酒庄、首云铁矿公园、那家贻园、人间花海休闲景观示范基地），形成“一馆九基地”的全程58km的生态科普走廊服务体系（图7-1）。

7.1.1 密云科技馆

密云科技馆总占地面积6 489.9 m^2，建筑面积7 080.19 m^2，展厅面积3 581m^2，集科普教育、宣传展示、文化休闲等功能于一体，是京郊面积最大、资源最丰富、设施最完善的综合性科普场馆（图7-1）。密云科技馆是密云重要的科普教育基地，也是北京市科普教育基地之一，2017年被市妇联评为“北京市家庭文明建设示范基地”。

在场馆建设方面，科技馆由“密云生态成就建设展厅”“科普体验展厅”“生命科学展厅”“天文科普展厅”4个展厅组成。密云生态成就建设展厅（一层）：分为生态环境建设、生态经济建设、生态城市建设、宜居密云四大主题展区，重点展示密云在生态建设中取得的辉煌成就。科普体验展厅（二层）：分为基础科学、机器人、环保防灾三大主题展区，共有互动展品50余项。生命科学展厅（三层）：分为生命探秘、人体揭秘、健康奥秘三大主题展区，现有互动展品近50件。通过互动展品，使人们了解生命的由来、探究神秘的人体、探索健

“L”型生态休闲
科普走廊

A：密云区科技馆
1：奥仪凯源农业科技示范基地
2：那家贻园
3：北京张裕爱斐堡国际酒庄
4：蔡家洼都市型现代农业科普示范基地（玫瑰情园）
5：天葡庄园
6：首云铁矿公园
7：邑仕庄园
8：京纯生态蜂文化科普示范基地（蜜蜂大世界）
9：人间花海

图 7-1　密云生态科普走廊全景规划

康的奥秘。天文科普展厅（四层）：分为宇宙奥秘、探索之路、未解之谜三大主题展区，依次展现太阳系、银河系、河外星系等宇宙奥秘（图 7-2）。

图 7-2　密云科技馆展项

在密云生态成就建设展区，建设了 200m² 的生态科普走廊“L”型区域，开发了以“一馆九基地”为核心内容的大屏触摸互动、远程视频、VR 体验等特色科普互动展项，重点介绍密云生态科普走廊的主要功能，展示科普基地的基本信息、科普活动、科普信息、科普商店等内容（图 7-3）。游客在去往基地之前，就可以了解到各个基地的信息，学习基地产业的相关科普知识，通过远程视频实时查看基地风景和科普活动现场，戴上 VR 眼镜就可以漫游基地的重点景观，提高了基地对游客的吸引力，起到了很好的展示引导作用。

图 7-3　密云科技馆“密云生态科普走廊”展区

在科普服务方面，科技馆作为密云社会公益性项目，免费向公众开放。展厅内的展品和展项集科学性、知识性、趣味性与参与性为一体，或体现科学原理，或展示应用技术，并配套科普讲解服务，让市民在体验中尽享科技的魅力。在生态科普走廊项目中，还搭建了科普走廊综合服务平台，利用多媒体技术对“一馆九基地”科普特色进行了集中展示和服务，游客通过参观科技馆即可了解密云科普资源，形成了一个集科普教育、园区展示、旅游推介于一体的综合型平台，发挥了重要的集成引领作用（图 7-4，图 7-5）。

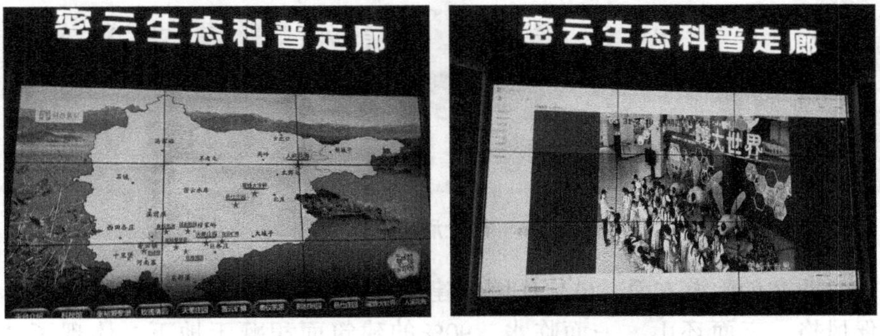

图 7-4　“一馆九基地”互动展示界面和远程视频

图 7-5　基地互动展示界面（左为张裕爱斐堡，右为天葡庄园）

7.1.2　邑仕庄园

邑仕庄园为清代皇家葡萄园遗址，整体占地面积 173 420m^2，完美结合了传统与现代艺术、中西方文化、人文与自然等风格，致力于打造一座集“创意、智慧、科技、艺术”为一体的葡萄酒主题旅游生态综合型酒庄（图 7-6，图 7-7）。

图 7-6　邑仕酒庄主体建筑

在农业文创旅游方面，邑仕庄园的建筑主体独具一格，主建筑为欧洲全石材古城堡风格，三面环山，一面临水，90%的建筑面积藏于地下，体现了“藏”的建筑精髓。利用密云水库独特小气候优势，基地打造了葡萄的云湖小产区。庄园分布了鲜食葡萄采摘园、酿酒葡萄实验基地、橡木桶存储区、瓶储岩石酒窖、

图 7-7　邑仕酒庄楼顶葡萄长廊（左）和地下酒窖（右）

葡萄与葡萄酒科普文化区、商品展示区、品酒区等。此外，庄园还集合了中西餐厅、商务接待会议中心、雅致小院、草坪婚礼，住宿休闲等多种功能。

在科普提升方面，邑仕庄园利用庄园本身产业的功能，融入丰富的科普内容，从而促进游客对庄园和葡萄酒文化的了解，提升参观体验。一方面，利用庄园的葡萄栽培功能，搭建了葡萄长廊，游客在参观游览的过程中观察和学习葡萄四季的生长过程。另一方面利用庄园的葡萄酒酿造功能，呈现葡萄酒的发酵过程和橡木桶储存过程，通过导览介绍，游客能更加直观且深入地了解到葡萄酒酿造相关科学知识。除此之外，庄园还组织 DIY 红酒手工皂等活动，目前正在布置科普展厅，利用专业的科普设备和数字科普内容全方位呈现葡萄酒文化。

7.1.3　人间花海

人间花海以“山间花海、爱情地、水中薰衣草”为主题，集薰衣草及其他香草园区观光、影视摄影拍摄基地、礼仪庆典、观光采摘、农艺体验、水上体验。特色餐饮娱乐服务于一身，打造了 120 万 m^2 的现代化休闲度假庄园（图 7-8，图 7-9）。

在农业文创旅游方面，园区四面环山，不但种植了薰衣草、马鞭草、玫瑰等数十种香草和花卉植物，还引入安达木河水源，在香草种植区内修建了水道和水上木屋，开设 25 000m^2 的沙滩浴场，岸上经过精挑细选的细沙，让游客不去海边也可以享受正宗的“沙滩浴”。为弥补北方冬季的旅游空缺，园区打造了“冬季人间花海美景暨人间花海首届风车旅游节”，100 多万只彩色的风车将约 33 万 m^2的土地营造成一个五彩缤纷的世界。通过各种创意手段提升园区旅游服

图 7-8　人间花海花海景观

图 7-9　人间花海科普标牌（左）与冬季风车节景观（右）

务能力。

在科普建设提升方面，在花海景观周围设计了科普展板，游客在欣赏花卉美景的同时了解该花卉的基本信息和生长习性。在冬季风车节期间，利用风车颜色的差别打造风车造型图案，呈现爱国主义教育主题景观等。

7.1.4　玫瑰情园

玫瑰情园占地约 133 万 m^2，是北京首家集休闲观光、产品展销、农业科普及徒步和骑行基地为一体的多功能主题公园，融合玫瑰文化产业于一体，已成为市郊乡村旅游的新亮点（图 7-10，图 7-11）。

图 7-10　玫瑰情园景观（左）和数字科普服务亭（右）

图 7-11　玫瑰情园科普体验展项

在农业文创旅游方面，园区依山而建，呈现出层级式景观结构，对游客来说具有独特的视觉享受。目前种植有丰花 1 号、四季玫瑰和大马士革等多个玫瑰品种，还有十余种草花。引入中世纪欧洲贵族马车及驿站的概念选取希腊、威尼斯、米兰、巴黎四个以浪漫著称的城市，通过微缩景观设计手法来设计（逐步建设）在玫瑰园中打造：相识、相知、相恋、相守的欧洲浪漫城市之旅。在欣赏美景之余，还可以了解玫瑰文化、体验玫瑰产品、品尝玫瑰食品，感受玫瑰由鲜花转为丰富多彩产品。

在科普建设提升方面，在密云区科协的支持下，园区拥有数字科普服务亭、科普走廊和多台科普体验设备。除此之外，园区还组织策划了多种科普活动，包括软陶、香皂、巧克力、活字印刷、磨豆腐、画风筝、玫瑰纯露等各种 DIY 项目，如“农耕体验”让孩子动手参与花草种植，亲近大自然；“制作豆腐体验”让孩子们体验传统手工磨豆子的过程，了解豆腐制作过程；“香包制作”用玫瑰花瓣制作香包，孩子与家长一起缝荷包；“巧克力制作”让孩子亲手制作巧克力；“软陶制作”，孩子们在技师指导下亲手制作软陶；“香皂制作”，孩子们利用园区的玫瑰花瓣，加工制作玫瑰香皂。

7.1.5 天葡庄园

天葡庄园依托科研院所的研发优势以及技术管理，进行优质高端鲜食葡萄种植及种苗培育，是集农产品生产、红酒酿造、观光旅游、科教研发、技术培训、商务会所、生态休闲特色餐厅为一体的现代农业科技园区（图 7-12，图 7-13）。

图 7-12 天葡文化科普长廊

图 7-13 天葡庄园葡萄科普馆

在农业科技旅游方面，位于密云的葡萄休闲观光园区，占地 20万m^2，建设了高品质具有民族特色的国际红酒酒庄——橡树堡酒庄，以及健康饮品基地，绿色、有机农产品展销大厅、青少年帐篷营地、书画院等。园区依托多样化的葡萄品种、设施种植、标准化生产等葡萄种植科技，挖掘农业科技旅游功能。通过大面积的葡萄种植、各类苗木、果树形成葡萄长廊、锦绣之路、桃花源、百瓜廊、菊花台等优美景观，提供四季葡萄采摘、红酒 DIY、特色餐饮等服务，天葡庄园被北京市民誉为“京城第一葡园”。

在科普建设提升方面，天葡庄园搭建了葡萄文化科普长廊，建设了葡萄科普馆，通过科普展板、科普讲堂等，设置了“虚拟绑藤”“机械化的葡萄生产”“小葡萄大世界”“葡萄虚拟耕作”等虚拟体验等互动展项，通过虚拟操作，提升了游览的趣味性，增进游客对葡萄栽培技术的了解。园区还组织市民参加葡萄扦插活动，通过动手操作了解葡萄的繁殖技术和生长条件等科学知识，弥补了葡萄生长季节的空白时期，丰富园区的旅游体验项目。天葡庄园还将自己的特色带上了北京科技周活动，2014 年北京市科技周展会上，天葡庄园推出的创新项目阳台葡园受到与会领导的高度肯定与称赞。应北京市委领导邀请将阳台葡园搬进了北京市政府的大楼内展示。

7.1.6 蜜蜂大世界

京纯养蜂专业合作社蜜蜂大世界成立于 2016 年 1 月 20 日，拥有加工车间和养殖基地 253 460m^2，是集蜜蜂文化交流传播平台、青少年教育基地、生态涵养区蜂业休闲旅游度假胜地、蜜蜂大世界科普馆、蜜蜂文化观光园、自然生态养蜂技术示范基地、国际蜂业商务中心于一体的综合性农业科技园区（图 7-14，图

7-15）。

图 7-14　蜜蜂大世界科普馆

图 7-15　蜜蜂大世界室外科普体验区

在农业科技旅游方面，依托京纯养蜂专业合作的蜜蜂养殖科技，打造示范养殖观光基地占地 1 200m^2，能够容纳 400 箱蜂箱，在夏季蜂群产值旺盛期，每个蜂箱容纳 3 万~4 万只蜜蜂，主要以意大利蜂为主，蜜源采集主要有荆条、洋槐等。依托蜂产品加工技术，打造了蜂产品生产观光车间，配备蜂蜜、蜂王浆、全自动封盖成熟蜜生产线设备。

在科普建设提升方面，“蜜蜂大世界”打造了北京最大的蜜蜂主题的科普展馆，科普展区 650m^2。展馆由科普知识区、互动体验区和产品展示区三个区域组成，以实物、文字、动画、标本模型、互动投影、互动体验，并结合声、光、电灯等特效展示蜜蜂科普文化知识。游客还可以参观蜂场跟随讲解员了解蜜蜂的性别、不同性别的职责、寿命区别，蜜蜂的酿蜜过程、王浆分泌过程、花粉收集过程、巢房的不腐之密。在生产车间，由讲解员讲解各设备的用途作用，了解蜂蜜、蜂王浆加工过程，识别好坏蜂产品的标准。除此之外，园区还经常组织蜂产品 DIY、蜂人表演、蜜蜂动画互动游戏、爬山、基地蜜源植物识别等科普活动。蜜蜂大世界建成后，已经成为"北京市科普教育基地"和"中小学生社会大课堂"，不仅如此，这里还吸引了全国各地养蜂大户和行业专家来此参观、学习、交流。

7.1.7 奥仪凯源

奥仪凯源农业科技示范基地位于密云区穆家峪镇北山，是以农业科研开发、技术咨询服务、种植销售，集果蔬采摘、土地认领、农耕体验、餐饮娱乐、民宿于一体的现代休闲农业观光园（图 7-16）。基地自主培育的"小白草莓"品种通过国家种子局审定，成为北京第二例自主研发草莓品种。

在农业科技旅游方面，奥仪凯源农业科技示范基地占地 33.35 万m^2，主要种植草莓、樱桃、番茄、梨等，拥有高标准日光温室 16 栋，普通温室 34 栋，连栋温室 5 000m^2，办公场所面积 5 000m^2。依托草莓品种和种植技术优势，园区设置了多个草莓采摘大棚，拥有不同的品种采摘区，并设置了相应的休憩场所。同时，以草莓为特色产业，融入工业理念，开发特色草莓农产品，如草莓酱、草莓干、草莓糖葫芦、草莓酒、草莓蛋糕等，打造特色产业链，促进草莓一二三产的融合发展。园区还配备梨园休闲观光区，在梨花盛开时能够供游人观赏摄影，另一方面在果实成熟时，还可以为游客提供采摘服务。为了解决餐饮旅游接待问题，园区还联合当地村民，成立北京奥仪凯源食府，形成了完善的农业科技旅游服务体系。

在科普建设提升方面，一直以来，奥仪凯源非常重视科技研发与科普教育结合，储备有丰富的技术和专家资源，组织开展了草莓采摘、组培体验等多种科普活动。除此之外，园区还设有农耕文化体验区，组织农耕体验活动，打造了现实版的开心农场，让家庭亲身参与蔬菜种植、浇水、施肥、拔草等农事操作。

现阶段，园区以草莓特色新品种为基础，重点建设了集科技研发、品种示范、文化科普、休闲娱乐为一体的草莓文化主题公园，开展草莓新品种培育、草莓脱毒快繁技术、休闲产品开发技术的研究，为园区科普服务提供有利的科技保障。并建有超 1 000m^2 的特色草莓科普馆，利用科普展板、栽培展示、科技实验、创意 DIY、VR 体验互动、科普讲堂等形式，配备了专业科普教学课程和科普讲师，组织开展多样化的草莓主题活动，让游客在参观体验中全方位了解草莓的科技、文化和应用等知识，提供集科普、观光、采摘、游乐于一体的互动新体验，目前基础设施已经基本建成，即将正式投入应用。

图 7-16　奥仪凯源特色草莓科普馆

7.1.8　首云国家矿山公园

首云国家矿山公园是迄今为止国内少有的矿业旅游主题公园，是北京乃至全国范围内的铁矿作业与主题旅游同步实施的首例，也是北京市首家国家矿山公园（图 7-17）。园区以矿业旅游为主题，以运动旅游为内容，以体验式主题活动为载体，是集矿业观光、娱乐休闲、拓展培训于一体的主题旅游区。

在工业旅游开发方面，公园以矿业旅游为主轴，着力突出开放式、互动式、高科技的体验模式，诠释了工业旅游的新概念。园区主要由矿业遗迹区、地质遗迹区、工业生产区和旅游接待区四大景区组成。住宿、餐饮、娱乐设施齐备，环境幽美，一步一景，矿业博物馆、铁矿工厂、矿区主题建筑彰显着矿业的独特魅力。主题化餐饮、主题化住宿、娱乐项目更是别具特色。园内还拥有攀岩等十余种专业拓展器材，还有生死关卡等多种主题体验项目，是集体户外训练、团体拓展体验的理想场所。

在科普建设提升方面，铁矿工厂、矿区主题建筑本身就是铁矿文化的天然教科书。园区还建有北京铁矿博物馆，是在 20 世纪 60 年代矿区建筑的基础上改建而成。铁矿博物馆分室内、室外展馆以及山上的矿坑 3 个部分，展示了国内外矿山勘探开采技术的发展历程，讲述铁矿与矿石的科普知识。展厅内通过动感电影、实物模型、感应式模型复原提炼工艺、实物陈列、趣味游戏、虚拟世界矿山游、纳米磁液等各种科普方式带领游客了解铁矿知识。室外展区展出了老旧的拖拉机、矿石机、运输车等，见证着矿区辉煌的历史。矿坑展区则以露天矿坑遗址和罕见的斜长环斑花岗岩为主要展示内容。该馆于 2009 年被北京市科学技术委员会与北京市教育委员会分别命名为“北京市科普教育基地”“中小学生社会大课堂”。

图 7-17 首云国家矿山公园铁矿博物馆（左）和公园游览示意图（右）

7.1.9 张裕爱斐堡

张裕爱斐堡总占地约 100 万m^2，其中建筑面积约 27 万m^2，葡萄园约 73 万m^2，为国家 4A 级旅游景区、全国休闲农业与乡村旅游五星级园区、北京市科普教育基地（图 7-18，图 7-19）。酒庄设有生态农业开发公司、酒业公司、旅游文化公司和国际会议中心，是一个集葡萄种植及酿酒、葡萄酒主题文化旅游、休闲度假以及葡萄酒知识培训功能为一体的综合性国际酒庄。酒庄 4 个公司自行管理，酒业公司负责酿酒，生态农业开发公司负责葡萄的种植及景区的绿化，国际会议

图 7-18 张裕爱斐堡主体建筑（左）和二十四节气葡萄农事操作科普展示（右）

中心负责餐饮、住宿、娱乐，旅游文化公司向游客提供旅游服务项目，通过旅游业加强对游客的科普宣传及品牌宣传。

图 7-19　葡萄酒创意微工厂（左）和红酒教室（右）

在旅游开发方面，分为葡萄园 66.7 万 m^2（含鲜食葡萄园 5.3 万 m^2）、主楼城堡 7 000m^2、游客接待中心 4 000m^2、爱斐堡小镇 3.3 万 m^2。游客接待中心主要负责游客接待、产品销售、3D 互动体验，主楼城堡主要是酒窖储酒，生产车间，博物馆科普知识及酒文化参观，葡萄酒品鉴及礼仪培训、会议室，小镇是集餐饮、客房、娱乐、会议一体的度假小镇。融合一二三产业，集精品农业（葡萄种植、采摘）、农产品加工业（葡萄酒生产）、旅游休闲（4A 景区餐饮住宿娱乐）、文化创意发展（葡萄酒文化传播、品鉴培训、葡萄酒衍生品销售）于一体。

在科普建设提升方面，专设葡萄酒科普展厅，宣传科学技术知识及培养公众对科学探索的兴趣。增加了葡萄品种、风土、二十四节气与葡萄的生长、葡萄酒的发展史、酿造工艺的专业介绍，制作了葡萄酒酿造的模型演示，新建了酿酒小屋，让游客深度了解葡萄、葡萄酒的科普知识。将酿酒葡萄园的葡萄长廊打造为科普葡萄长廊，用于介绍种植技术、葡萄与葡萄酒相关知识。设置生产线开放区域，将设备处于半透明化，让游客了解科学技术、先进设备在葡萄酒酿造中的运用。在城堡四层设置葡萄酒体验馆，定时开展葡萄酒讲座，发放葡萄酒品鉴定手册，增设闻香设备，让游客近距离接触葡萄酒中的科学知识。葡萄园内与中国农业大学合作设置葡萄实验基地，引进先进气象监测设备，加强科学技术的运用及宣传。

7.2 密云区生态科普走廊基地运营及问题分析

密云区生态科普走廊由“一馆九基地”组成，在组织机制形式和运营模式方面都有所不同。根据园区的类型，对其“科普+产业+旅游”的体制机制以及目前存在的问题进行了如下研究和分析。

7.2.1 事业单位型

密云科技馆是密云区科委下属单位，是北京市科委、密云区政府共同筹建的重要科普展示教育基地，于2009年6月开工，2012年2月建成，2016年7月15日正式开放。该馆是京郊面积最大、资源最丰富、设施最完善的综合性科普场馆。集科普教育、宣传展示、文化休闲等功能于一体，是密云区重要的科普教育基地，也是北京市科普教育基地之一，北京市中小学生社会大课堂资源单位，2017年被市妇联评为“北京市家庭文明建设示范基地”“密云区市民终身学习示范基地”。科技馆作为密云区社会公益性项目，免费向公众开放。

在运营保障方面，科技馆下设展教部、保障部和办公室，分别负责科技馆的展览教学、后勤安保以及日常管理等工作。密云科技馆目前主要受众为密云区中小学生与市民，也有一部分其他区县及北京周边地区游客前来参观。在媒体宣传方面，密云科技馆充分利用电视台、杂志、微信、微博、直播平台等媒体，进行广泛宣传，营造出良好的舆论氛围，加大了科技馆的社会影响面。科技馆还建立了专门的“密云科技馆”微信公众号，面向市民宣传科技馆展览、科普活动等动态。

密云科技馆位于密云城区，是科普旅游的第一站。在密云生态科普走廊建设项目中，密云科技馆建立了“生态科普走廊综合服务平台”，对“一馆九基地”利用大屏触摸互动、远程视频和VR漫游等方式进行了多方位的在线展示。发挥了密云科技馆的核心作用，带动辐射九个基地节点，从而实现密云生态科普走廊的联动运营。除了日常的宣传展示，2018年科技周活动期间，依托“一馆九基地”的科普资源优势，密云科技馆设计了“主会场-分会场”活动模式。即以密云科技馆为主会场，在三个重点科普基地设置了分会场活动，充分利用基层科普场馆，发挥密云生态科普走廊的集成作用，展示密云科技旅游文化资源和建设成果。并通过实施门票和活动优惠的形式，吸引公众对科普场馆建设和科技旅游的了解和关注。科技周是一次面向全社会展示的重要契机，以密云科技馆为核心，带动九个节点的联动，不但丰富了科普活动的内容，提高了科技周活动效果，更能通过媒体展示各个基地的科普旅游资源，打造科普旅游品牌。在今后的运营工作中，密云科技馆作为专业科普场馆，还将充分发挥其专业领域优势，为各个基地提供科普展示、服务等方面的培训，提高各个基地的科普内涵和服务质量，带动密云生态科普走廊的整体提升。

自2016年正式开馆以来，密云科技馆不断丰富展项，策划组织了科普大讲堂、科普实验秀等多种多样的科普活动，在各方协同下，每年举办科技周专题活动，在密云区科普工作中发挥了重要作用。随着参观游客数量的不断增多，以及科普工作的不断提升需要，科技馆在专业科普人才方面需求更显急迫，随着科技馆工作的逐渐发展，也将逐步引进一些专门的科技人才，为市民提供更好的科普服务。

7.2.2 国营企业型

首云国家矿山公园隶属于首云矿业股份有限公司，由企业自筹资金建设，是国土资源部正式授予的“国家矿山公园资格”单位。公园始建于2005年，2007年正式开园，并于2012年进行了多媒体科普设施的升级改造。截至2017年，公园建设总投资已达2个多亿，总面积达3.58km^2，是国内将铁矿作业与主题旅游同步实施的典范之首。

在运营方面，首云国家矿山公园设有专门的旅游开发部，负责矿山公园的旅游开发、宣传、接待及服务管理工作。目前，旅游开发部已具备了集餐饮住宿服务、导游服务、会务服务、拓展内训服务、休闲娱乐服务、医疗救护服务等为一体的综合旅游服务能力。市场方面，公园主要通过自有旅游门户网站、密云区旅游局网站面向市民进行宣传，与旅游公司合作接待社会团体和散客。另外，作为北京市科普教育基地、中小学生社会大课堂资源单位，公园还常年接待中小学生团体，建立了良好的渠道机制。

近年来，全国矿业行业形势的整体低迷，公园设施维护和人员服务都受到了影响。目前，公园正在与中国安全生产科学研究院进行合作开发，投资建立矿山地质灾害实验室，重新打造参观路线。建成之后，公园的科普内容将覆盖矿石的采掘、运输、生产到矿山地质灾害应对的产业全流程，形成新的旅游亮点。

7.2.3 民营企业型

(1) 张裕爱斐堡

张裕爱斐堡国际酒庄，是由烟台张裕集团投资7亿余元，于2007年6月全力打造完成，2009年6月整体对外营业。酒庄总占地约100万m^2，是集酿酒、旅游、餐饮、葡萄酒知识专业培训为一体的综合型酒庄，被定为国际酒庄新领袖。

在运营方面，酒庄采用一二三产“分开管理，联动运营”的方式，下设有生态农业开发公司、酒业公司、旅游文化公司和国际会议中心，4 个公司自行管理。酒业公司负责酿酒，生态农业开发公司负责葡萄的种植及景区的绿化，国际会议中心负责餐饮、住宿、娱乐，旅游文化公司向游客提供旅游服务项目，通过旅游业加强对游客的科普宣传及品牌宣传。酒庄员工达 500 余人，其中种植 50 人，酒业 70 人，旅游 100 人，会议中心 300 人，人员结构完善，能够保障其各项业务的正常运营。

在市场方面，自 2013 年以来，随着旅游行业的发展，居民的旅游消费力度逐年增加，这为酒庄开展旅游业提供了良好的契机。目前，张裕爱斐堡已经被列入国家级 4A 级景区，主要面向京津冀地区以及周边省市游客，为游客提供一场葡萄酒文化的体验之旅。在市场方面，酒庄通过旅行社推介带动团体游客，携程、美团等平台电子票带动散客和自驾游。除此之外，酒庄非常重视媒体宣传，除了在传统电视媒体上投放广告，还建立了自有的官方微信、微博、直播等新媒体窗口，借助“大 V”力量，进行多样化的线上线下互动，助推品牌宣传。张裕酒本身的品牌知名度带动了旅游业的发展，而旅游产业也增加了酒品的销售，助力品牌的宣传，增加品牌信赖度，最终形成了良好的一二三产生态链。

经过 10 年的建设发展，酒庄在科普旅游软硬件设施方面已经非常完善。但是，随着旅游人群需求的提高，传统展板等科普手段难以吸引游客的注意，博物馆等主要场地设施在科普展示设施设备方面还有所欠缺，目前也正在逐步升级改造中。另一方面，酒庄还承担着中小学生社会大课堂的接待工作，也是酒庄科普工作的主要方向。但目前在为学生定制的课程上还有所欠缺，缺乏系统性的设计。未来，将引进真正与葡萄酒文化和张裕品牌精神的传达相契合的先进科普展示手段，开发与葡萄种植与酿造科技、葡萄酒文化等特色性的科普课程，从整体上实现科普服务体系的升级完善。

（2）邑仕庄园

邑仕庄园是澳德集团旗下的精品葡萄酒庄园，始建于 2000 年。庄园占地 173 420m^2，旧址为清代皇家葡萄园，依托澳德集团在葡萄酒行业的基础和背景，打造了葡萄酒文化休闲体验。庄园在建设上充分体现了因地制宜的特点，根据地势条件，进行主体建筑设计；发挥园区自然环境和气候条件优势，设立葡萄酒云湖小产区。2017 年在密云区财政的支持下，实施了密云区邑仕葡萄文化科普互动体验项目，对庄园的整体科普设施进行了完善。

历经五年的精细规划和建设，邑仕酒庄基础设施和服务体系已经基本完成。在运营方面，未来邑仕酒庄将整合周边村落民宿，根据不同档次和区位分布进行规划，从服务、软硬件建设、市场开发等方面进行协同建设，打造北京——密云——古北水镇中间休闲驿站。最终形成以酒庄为中心，辐射周边民宿的旅游线路格局，依托龙头企业带动当地发展。在科普教育方面，酒庄将依托自身在葡萄酒行业多年积累的技术和经验，面向社会开设红酒职业培训，面向市民和中小学生开设红酒体验课程，从而形成一套完整的科普培训服务体系。

（3）人间花海

人间花海隶属于北京人间花海旅游开发有限公司，自2011年开始建设，面积约120万 m^2，核心种植区约20万 m^2。园区四面环山，内有安达木河支流经过，形成了独特的小气候。北京郊区花海项目众多，既有政府扶持的规模较大的景区，也有私人打造的特色景区，但很多景区如昙花一现，经营超过5年且实现真正盈利的并不多见，而人间花海以独特和创新成为京郊观花旅游的典范。

在运营方面，园区拥有固定员工40余人，服务内容涵盖休闲、娱乐、住宿、餐饮等多个项目。经过多年来的实践优化和不断创新，人间花海的定位越来越清晰。园区在建设之初便有了一个整体规划思路，随着每一年的工作积累，不断总结经验和探索创新，形成了成熟的花卉种植模式，开发沙滩浴场、冬季风车节等项目，丰富园区体验项目，实现周年运营，避免与其他园区的同质化，引领行业潮流趋势。针对人工成本高的问题，景区采用覆膜技术减少杂草、喷灌设备自动浇水等多种措施降低人工成本。在市场方面，园区目前参观人群为慕名而来的散客，也接待中小学生社会大课堂、旅游团体以及婚纱摄影等人群。其中，门票收入是主要盈利部分，餐饮、住宿及娱乐虽不是主要收入来源，但为提高园区吸引力和综合竞争力，提供了必不可缺的附属功能。值得一提的是，园区的沙滩浴场在北京市外国人的圈子内颇有名气，每年夏季吸引了大量留学生和大使馆区国际友人前来游玩体验，拓宽了园区的市场渠道。

目前园区软件硬件设施都较为完善，但是由于其土地性质对建筑有很大的限制，园区在科普设施方面的建设仍稍有欠缺，缺乏室内性的科普场馆。未来，园区将综合考虑科普性和观赏性，引入与园区风格相搭配的科普长廊等设施，既能作为景观和休憩场所，又能提供为游客提供科普服务。

7.2.4 农民专业合作社与村集体型

（1）天葡庄园

天葡庄园隶属于由北京利农富民葡萄种植专业合作社，始建于2010年。经过多年的耕耘，已经建成了集葡萄种植、红酒酿造、休闲体验观光、科教、养生为一体的葡萄主题休闲农业产业园。天葡庄园为当地葡萄产业发展树立了典型，成为北京市密云区巨各庄镇“酒乡之路”上的农业企业典范。

在运营方面，为了更好地推广自己，天葡庄园目前成立了40余人的专业运营管理团队，进行公司化运营，完善生产、科研创新、休闲服务、旅游接待等功能。天葡庄园的产品开发十分完善，既有鲜食葡萄采摘，也做葡萄酒、葡萄果醋，还做葡萄叶茶，充分利用葡萄的每一部分。天葡庄园还具有星创天地资质，开展农产品产销对接、农业信息咨询、品牌运营推广、农业一二三产业融合发展模式推广及落地服务、互联网营销运营。现已成功在北京休闲农业创新联盟及农合论坛上推广，承接全国各地考察交流，为酒庄建设模式面向全国推广搭建了平台。在渠道方面，一方面天葡庄园承担着葡萄种植科技示范基地的功能，接待政府团体的参观学习，另一方面，通过媒体宣传接待旅游团体和散客。科普馆建成后，园区拥有了完善的科普硬件服务体系，将申请中小学生社会大课堂资源单位，开拓在中小学生群体方面的资源。

（2）蜜蜂大世界

蜜蜂大世界是由北京京纯养蜂专业合作社打造的蜂文化旅游品牌。园区从2012年开始筹建，于2016年正式开园，旨在打造蜜蜂文化交流传播、生态涵养区蜂业休闲旅游度假、国际蜂业商务、青少年科普教育、高尖端养蜂技术示范和蜂产品精深加工于一体的蜜蜂一二三产业融合的综合大世界。

在运营方面，园区组织成立了专门的科普旅游接待团队。拥有科普管理人员5人，科普总经理1人，其余4人分管科普培训部、科普馆接待部、养殖技术部和科普外联部；园区共有科普工作者32人，养殖技术员4人、科普馆接待部12人（讲解员4人），培训部工作人员6人，外联部5人。还包括养蜂志愿者30余人，都为多年养蜂经验的技术人员，对蜜蜂科普知识、实践知识熟悉的人员。在市场方面，通过与教委、旅行社、旅游网站和白龙潭风景区等平台合作，接待中小学生社会大课堂、亲子游、老年游活动，从参观蜂场、车间、科普馆以及通过针对旅游接待的项目，开设DIY蜂产品手工项目，吸引游客用蜂蜜、蜂蜡等产品亲手做手工，增加游客的消费方式，带动整个蜜蜂大世界的蜂产品销售。园区也从单一的生产、加工、销售的运营模式，转变成多元化的科普宣传、旅游、销售、观光、体验、蜂文化学习等一二三产融合的运营方式。

目前，蜜蜂大世界基础设施比较完善，但餐饮与住宿条件尚未完善，在今后还将规划建设小蜜蜂蜂蜜酿酒屋、时光隧道、蜂疗馆等，逐步完善管区基础设施，挖掘蜂产品的各种方面，延伸科普旅游服务，打造全国最大的蜜蜂文化科普乐园。另外，蜜蜂大世界虽然在密云区本地具有了一定的知名度，但是如何走向全市，吸引更多的游客前来参观体验是园区面临的一个挑战。目前，园区已经申请市级社会大课堂资源单位资质，以解决中小学生资源的问题。

（3）奥仪凯源

奥仪凯源农业科技示范基地隶属于密云奥仪凯源蔬菜种植专业合作社，合作社成立于2009年5月7日，注册资金100万元。园区占地面积33.35万m^2，位于穆家峪镇北山，紧邻密云城区。随着生态旅游的发展，传统观光采摘项目已经难以满足游客的需求，园区依托自身在草莓品种和栽培方面的科技资源优势，开展科普旅游服务，已经形成以草莓特色新品种为基础，集科技研发、品种示范、文化科普、休闲娱乐于一体的特色产业。

在运营方面，奥仪凯源本身拥有先进农业科研和生产技术，以及专业人才支撑，现有技术人员12人，具有高级专业技术职称4人，中级专业职称2人，为开展农业科技型科普旅游打下了良好的基础。在市场方面，主要面向中小学生和北京市民，依托自媒体进行宣传，未来还将申请中小学生社会大课堂资源单位，承接更多的科普参观学习功能。

（4）玫瑰情园

玫瑰情园属于蔡家洼的集体产业，成立于2013年，是北京市首个人工种植打造的玫瑰花园。蔡家洼玫瑰情园景区结合自然地形，在山坡丘陵地上依势而建，多种花卉与周围的草地景观、背靠的山体景观形成了一幅大美的浪漫乡村画卷。作为北京市远郊区县首个人工种植打造的玫瑰花园，玫瑰情园目前已成为一个集休闲观光、展示、科普、销售、徒步运动、骑行运动为一体的多功能综合性的玫瑰主题公园。

在运营方面，蔡家洼玫瑰情园最大的特点是产业融合，玫瑰情园是蔡家洼民俗旅游的一个重要节点。蔡家洼村通过整体打造，建设集生态农业、观光工业、休闲旅游业为一体的综合性园区，以一产促进二、三产业发展，反过来又以二、三产业带动一产，三次产业之间互相促进、融合发展，初步形成了产业链。在管理方面，通过引导村民以主人翁精神参与共建，带动村民就业，形成了良好的人力资源环境。在市场方面，目前玫瑰情园在各大旅游网站均有推广，通过旅游年卡等形式，吸引了大量的老年人团体前来休闲体验。作为北京市中小学生社会大课堂实践基地和北京市科普教育基地，园区每年接待大量中小学生团体前来参观学习。作为北京婚庆协会认证的婚礼场地，园区还可接待婚礼等活动。针对年轻人群体，园区设计开发了音乐节、山地骑行等活动，提高对年轻人群体的吸引力。

目前园区在旅游观光软硬件服务方面都较为完善，但是，园区在大规模的宣传推广方面仍然有所欠缺。未来，将通过投放地铁、电台、电视广告等形式，扩大园区知名度。

7.3 密云区生态科普走廊基地示范建设模式推广建议

7.3.1 需要加强科普内容和功能的协同规划

密云区生态科普走廊以密云科技馆为核心，辐射九大科普基地，建立联动发展机制，首先需要对科普内容和功能进行统一规划、统一标识，打造“L”型的科普旅游线路，面向全社会进行科普旅游推介。除了在密云科技馆中利用多媒体技术对“一馆九基地”科普特色进行集中展示和服务外，九个基地作为重要节点，其在园区内部建设上应当建立与密云科技馆相呼应的内容。比如科普旅游签到手册，游客每到一个园区进行盖章签到，完成所有签到后能够获得一定奖励等。另外，根据九个基地的产业特点，打造其特色性的科普体验项目，使得九个园区在内容上各有区分，形成互补，避免雷同。比如张裕爱斐堡、天葡庄园和邑仕酒庄都具有葡萄种植和葡萄酒酿造功能，为了提高科普旅游体验性，使得游客到每一个园区都能有不同的收获，3个园区需要在科普体验上各有侧重点，避免内容的同质性。并且对于科普工作来说，科学性是第一位，因此需要保证各园区科普知识的正确性和一致性。最终不但能够从地理位置上形成“L”型的联动关系，从科普内容和功能上也具有协同性。

7.3.2 需要完善生态科普走廊的组织管理机制

“一馆九基地”涉及事业单位、国有企业、民营企业、合作社和村集体等不同类型的园区，要实现持续性的联动运营，需要建立完善的组织管理机制。比如每个园区各出相关负责人员，联合成立专门的生态科普走廊管理小组，制订生态科普走廊合作计划，拟定密云区生态科普走廊市场开发战略，组织整体形象的对外宣传和重大推广活动，组织、指导重要旅游产品的开发等。明确各园区的责任、权利和义务，互通有无、互利互惠、协同发展，形成良好的“科普+产业+旅游”区域协同发展模式。

7.3.3 需要发挥政府的引导和支撑作用

生态科普旅游不仅是产业，也是社会公益事业，加强科普工作、提高民众的科学素养也是各级政府的重要职责。发挥政府的支撑和引导作用，为生态科普旅游的发展创造更好的经济背景、文化背景、环境背景和政策背景，是促进生态科普旅游事业发展的强大动力源泉。政府通过实施项目带动战略，制定相关支持政策，增加资金投入等措施，合理配置科普旅游资源，协调组织旅游相关部门和企业，提高管理水平，提高区域知名度，增强核心竞争力。比如实施年度旅游项目推荐、举办区域大型活动，依托政府力量将密云生态科普走廊面向全社会进行宣传推广。

7.3.4 需要加强生态理念的融入

密云是首都重要饮用水源基地和生态涵养发展区，依托良好的生态环境，密云将休闲旅游业作为战略性支柱产业，在产业发展方向上，密云区坚持走绿色高端高效高就业的产业发展之路。因此，密云生态科普旅游的发展，不仅仅体现在产业建设上的生态，还要注重生态理念的普及。在园区建设和科普教育中，不断融入绿色、低碳、环保等生态文明理念，突出生态科普走廊的“生态特点”，契合密云区生态涵养区定位，构建以生态产业为基础、以生态文化为特征的密云生态科普旅游品牌，成为密云区生态文明建设的一张靓丽名片。

7.3.5 需要加强科普人才队伍建设

人才是旅游产业发展的关键，从业人员的素养直接影响旅游产品质量的高低，对科普旅游来说更加如此。导游员或讲解员只有拥有丰富的旅游知识和扎实的专业科普知识，才能给予游客生动有趣的讲解，科学介绍相关知识并适时有效地答疑解惑，实现较好的科普效果。因此，需要加强与旅游学校、高等院校、科研院所等合作，充分利用首都科技教育资源，邀请专家教授、科研人才、旅游工作者进行旅游讲解技巧培训和专业科学知识的普及，可以使导游员、讲解员等一线服务人员具备较高的科普素养和旅游服务水平，为农业科普旅游活动提供强有力的软件支撑，招募相关专业的大学生和社会工作者作为兼职科普讲解员，完善科普旅游人才队伍结构，加强人才的知识更新和能力提升，提高园区接待服务能力。

8　首都地区网络科普实证分析

互联网的普及应用，促使着当今科普工作务必创新思维、与时俱进。首都地区作为全国科技创新中心，有着得天独厚的科技与人才资源，在网络科普工作方面更应发挥其“领头羊”的作用。通过对首都地区网络科普发展的调研和对北京长城网科普建设的调研，分析其中存在的问题，并提出相应对策，为全国网络科普建设提供有效参考。

8.1　首都地区网络科普的特征和现状

8.1.1　政策环境不断优化

近年来，北京市发布的一系列科普政策文件中均强调了网络科普的重要性。早在2010年，《关于加强北京市科普能力建设的实施意见》中就明确指出，要加强大众媒体的科技传播力度，发挥网络等新兴媒体的科技传播作用，打造和扶持一批富有特色的、高水平的科普网站或栏目；《北京市“十三五”时期科学技术普及发展规划》提到，要建设以“互联网+科普”为核心，以传播知识、传播精神和传播文化为理念的首都科普资源平台；《北京市全民科学素质行动计划纲要实施方案（2016—2020年）》提出要树立“互联网+”思维，以信息化手段创新科普形式和载体，推动移动互联网、云计算、大数据等与公民科学素质建设有机融合，促进科普资源共建共享，大力提升科普公共服务能力和科技传播能力，形成互联网时代科普工作新格局。2016年，中国科协开始推进全国科普信息化建设试点工作，北京市成为试点之一。北京市科协随即出台了《北京市科普信息化（试点）建设实施方案》，确定了试点建设项目及承担单位，建立了信息化建设运行机制，形成了科普信息化网络体系框架。

这些科普政策为网络科普发展提供了必要依据，营造了有利的社会环境，是首都地区推动网络科普发展的重要政策支撑，对于推进北京市网络科普工作、提升北京市公民科学文化素质具有重要的作用。

8.1.2 科普网站数量稳步上升，但各区分布不均衡

依据《北京科普统计》（2016 年版）和《中国科普统计》（2017 年版）数据，科普网站是指由政府财政投资建设的专业科普网站，政府机关的电子政务网站不在统计范围之内。

从 2008—2016 年北京市科普网站数量变化可以看出，虽然在 2009 年、2013 年和 2014 年科普网站数量有所下降，但整体来看，从 2008 年到 2016 年，北京市科普网站数量依然呈稳步上升趋势。2016 年北京市科普网站的数量为 359 个，为全国第一（中华人民共和国科学技术部，2017），相比于 2008 年的 185 个，增长了将近 2 倍（图 8-1）。

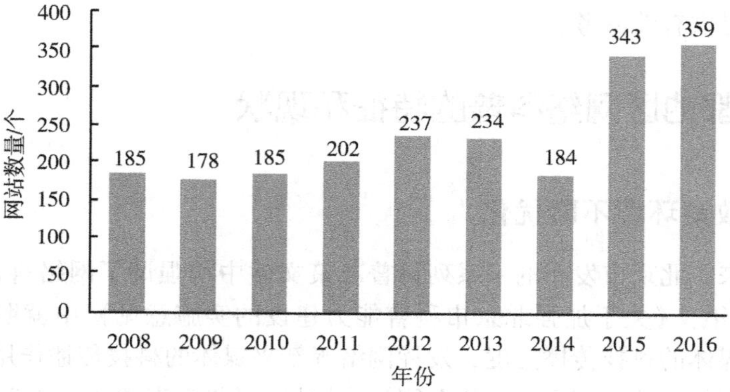

图 8-1　2008—2016 年北京市科普网站数量统计

从北京市各区 2008—2015 年的科普网站数量来看，首都地区的科普网站主要集中在海淀、朝阳、西城、东城这 4 个城区之间。2015 年，首都地区拥有科普网站数量超过 30 个的有 4 个区，分别为东城区（84 个）、海淀区（71 个）、朝阳区（54 个）、西城区（39 个）；在 10~30 个之间的有 3 个区，分别是怀柔区（20 个）、昌平区（19 个）、石景山区（14 个）；其余 9 个区各自拥有科普网站数量不到 10 个。其中顺义区直到 2015 年才拥有第一个科普网站。由此可以看出，北京市各区之间科普网站的分布很不均衡。

8.1.3 微博、微信等移动网络平台活跃，有效拓宽科普宣传渠道

微信、微博等平台的出现，为新时期网络科普工作提供了更加便利的方式。

截至2014年，近50家北京科普工作联席会议成员单位和区开设了官方微博，发布微博合计30余万条，粉丝量累计4 353.14万人次，成为推动科普工作的重要途径，有效拓宽了科普宣传渠道（中华人民共和国科学技术部，2016）。

8.2 北京长城网科普建设调研

北京长城网是北京市委组织部主办的全市党员干部现代远程教育门户网站，覆盖首都地区16个区县的村和社区党组织，是我市面向基层辐射面最广、党员教育培训视频资源最丰富的远程教育网站。目前，网站注册用户达163.6万，累计访问量突破1亿次。网站汇聚了视频课件、图文资讯、互动信息等各类教学资源，涵盖党建、政治、经济、文化、农业等多个领域和类别。作为长城网最早开设的版块之一，科普内容在教学资源中占据了重要地位，在推动首都地区基层党员干部教育培训、宣传普及科技文化知识、提高基层用户综合素质等方面发挥了重要作用。

8.2.1 北京长城网科普资源发布量

北京长城网的科普资源主要分为图文资源和视频资源两种形式。

（1）科普图文发布量

长城网发布的图文内容分为时政要闻、基层党建、远教动态和便民服务等类型。其中，便民服务主要提供网站的图文科普资源，包含健康驿站、科普园地和生活指南3个方面。2018年，北京长城网发布图文共7 774篇，其中健康驿站、科普园地和生活指南版块各发布图文725篇，科普图文总计2 175篇，占2018年发布图文总量的28%（图8-2）。可以看出，科普图文资源在北京长城网的总图文资源中占据了相当大的比重。

（2）科普视频发布量

北京长城网视频资源内容分为7个一级栏目，分别是政治建设、社会建设、经济建设、文化建设、政策法规、典型经验和实用技术（图8-3）。其中，社会建设下的二级栏目公共事业、医疗健康，文化建设下的二级栏目科普知识以及实用技术下的二级栏目职业技能、农业技术和产品加工共同组成了网站的视频科普资源。2018年，长城网共发布视频资源1 191个，其中，公共事业视频20个、医疗健康视频17个、科普知识视频70个、职业技能视频18个、农业技术视频75个、产品加工视频3个，科普视频总计203个，占2018年发布视频总量的17%，科普视频的发布量和占比均小于科普图文资源，但依然具有一定的比重。

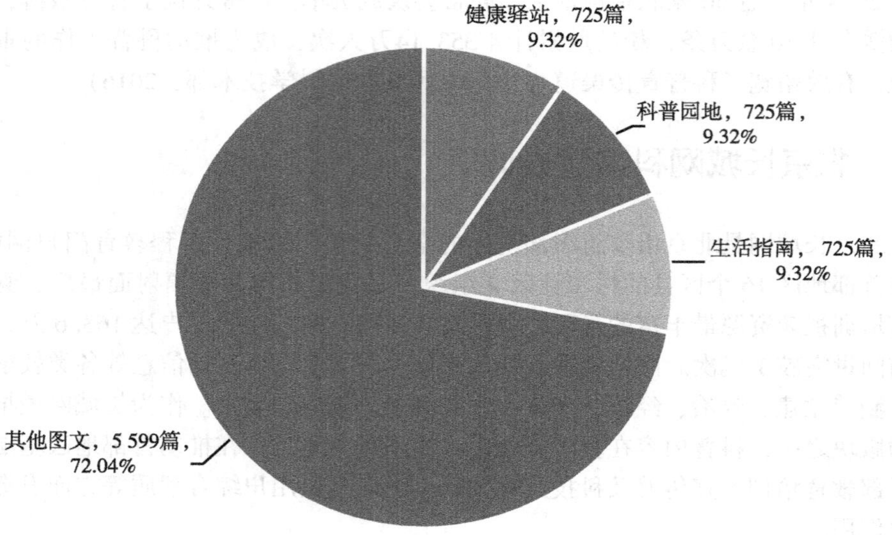

图 8-2　2018 年北京长城网图文发布量与占比

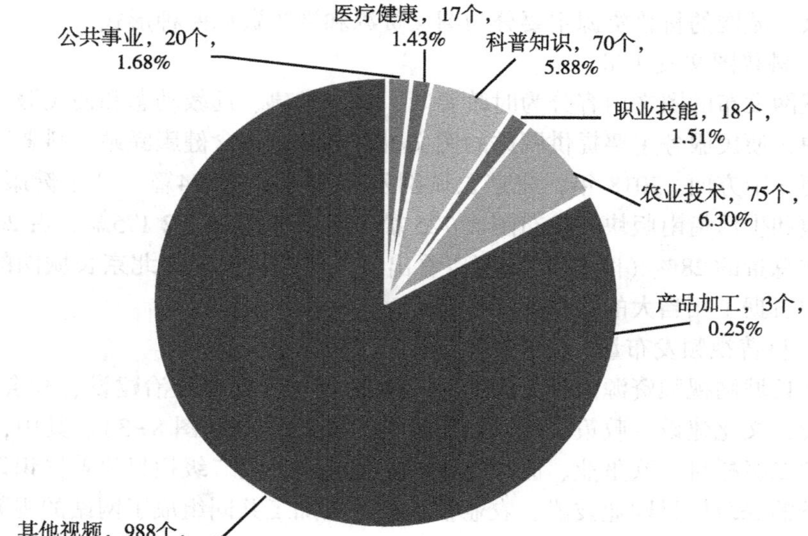

图 8-3　2018 年北京长城网视频发布量与占比

8.2.2　北京长城网科普资源学习情况

（1）科普图文学习情况

2018 年，北京长城网的图文访问量共 303.8 万次，其中健康驿站、科普园地、生活指南版块访问量分别为 2.4 万次、2.3 万次和 2.5 万次，科普图文访问量总计 7.2 万次，占 2018 年总访问量的 2.37%（图 8-4）。

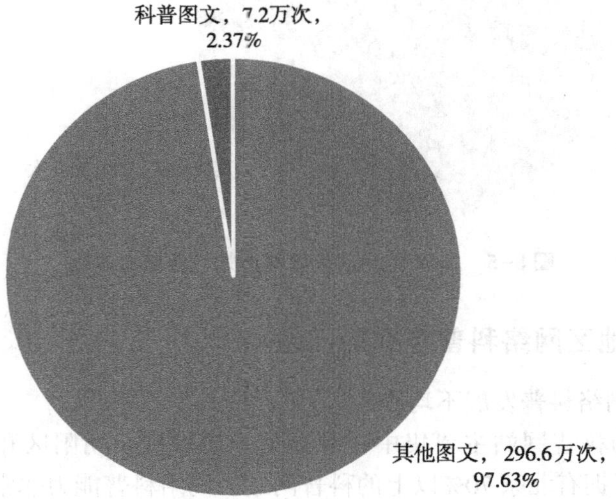

图 8-4　2018 年北京长城网图文访问量与占比

（2）科普视频学习情况

2018 年，北京长城网的视频总访问量为 395.03 万次，其中，公共事业视频 1.61 万次，医疗健康视频 0.64 万次，科普知识视频 2.12 万次，职业技能视频 0.27 万次，农业技术视频 0.74 万次，产品加工视频 0.07 万次，科普类视频访问总计 5.45 万次，占 2018 年视频总访问量的 1.38%（图 8-5）。

8.3　问题与对策

综合首都地区网络科普的发展现状和对北京长城网的调研分析，我们可以发现首都地区网络科普建设取得了一定的成绩，整体发展良好，但仍然存在一些问题。

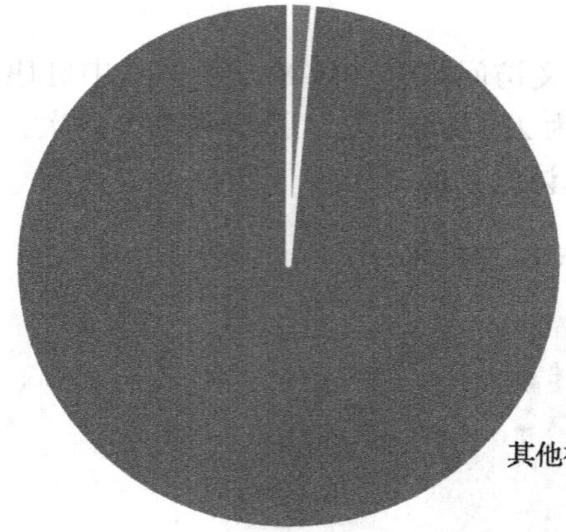

图 8-5　2018 年北京长城网视频访问量与占比

8.3.1　首都地区网络科普存在的问题

（1）各区网络科普发展不均衡

首都地区的科普网站主要集中在东城区、西城区、朝阳区和海淀区。2015 年，这 4 个城区拥有北京 70%以上的科普网站，网络科普能力非常突出。而其余 12 个区的网络科普发展大大落后于前者，科普网站数量少于 30%，网络科普发展十分不均衡。

（2）科普网站资源丰富，但科普效果不佳

北京长城网拥有的科普图文资源和科普视频资源分别占总图文资源和总视频资源的 28%和 17%，科普资源相对丰富。但科普图文资源和科普视频资源的访问量分别只占各自总访问量的 2.37%和 1.38%，科普效果不佳。造成这种结果的原因可能有以下几个方面：一是北京长城网本身具有党建网站属性，网站用户的主要关注点在于党建题材的内容，对科普内容积极性不高；二是网站科普资源虽然数量丰富，但质量不高、形式不够丰富，主要还是以单调的讲授式为主，降低了科普资源对用户的吸引力；三是网站内的资源分类混乱，许多栏目名称具有迷惑性，重点不突出，无形中增加了用户查找相关资源的难度。

（3）科普网站缺乏互动性

互动性是网络科普的一个重要特征，也是其相对于传统科普的一个巨大优势。然而，目前大部分科普网站仍然采用简单的图文介绍和视频解说为主，并没有突破传统科普单向传播的特点。一些科普网站虽然设有互动版块，但互动性不强、利用率不高，并且随着移动网络的发展，网络信息平台逐渐从桌面端迁移至移动端，网站互动版块将失去其优势。

8.3.2　意见与建议

针对调查研究发现的问题，对首都地区网络科普提出以下建议。

第一，面对首都地区网络科普发展不平衡的问题，北京市政府应当发挥带头作用，通过政策倾斜、财政帮扶等形式，推动网络科普能力薄弱地区的发展。

第二，加强网络科普资源及其平台的质量建设。在内容为王的时代，高质量的科普资源内容才能吸引更多的用户。建议进一步丰富科普资源内容与形式，从实用性、趣味性等角度出发，增加精品科普资源开发力度，增强对用户的吸引力。同时，加强网络科普平台的质量建设，通过简洁美观的页面设计、清晰明了的内容分类、简单易上手的操作方式，降低用户对网络科普平台的使用难度，更好地发挥网络科普的作用。

第三，加强移动端网络科普建设，发挥移动媒体平台优势。随着手机网民规模持续提高，移动端的各种媒介应用已经成为公众获取信息的主要途径。相比于科普网站，微信、微博、手机 APP 等移动媒体平台更加使用户便于查找、接收科普信息，并能随时进行互动、分享和交流。加快科普网站的移动端建设，充分发挥移动平台的优势，让公众更多地参与到科普活动中，共同推动首都地区网络科普的发展。

北京长城网是北京市委组织部主办的全市党员干部现代远程教育门户网站，覆盖首都地区 16 个区县的村和社区党组织，是我市面向基层辐射面最广、党员教育培训视频资源最丰富的远程教育网站。目前，网站注册用户达 163.6 万，累计访问量突破 1 亿次。网站汇聚了视频课件、图文资讯、互动信息等各类教学资源，涵盖党建、政治、经济、文化、农业等多个领域和类别。作为长城网最早开设的版块之一，科普内容在教学资源中占据了重要地位，在推动首都地区基层党员干部教育培训、宣传普及科技文化知识、提高基层用户综合素质等方面发挥了重要作用。

9 首都农村地区科普能力建设实证分析

科普产业的发展从供给侧推动科普能力的建设，对国家科普能力发展具有重要的重用。北京市作为全国经济发展中心起着带头作用，本部分基于对北京市整体科普能力调查评估的基础上，对北京市农村科普能力进行实证研究。通过具体数据对北京农村地区的科普能力现状进行分析，根据存在的问题提出创新的发展建议，为促进首都农村科普能力建设和公民科普素质提升提供指导，营造激励自主创新的文化环境，推动首都对全国各地起到更好的示范引领作用，为国家科普能力建设提供支持。

9.1 首都农村科普现状

9.1.1 概念与界定

(1) 农村科普

农村，是指以从事农业生产为主的劳动者聚居的地方，具有特定的自然景观和社会经济条件。农村是相对于城市的称谓，指农业区，有集镇和村落，以农业产业（自然经济和第一产业）为主，包括各种农场（如畜牧和水产养殖场等）、林场、园艺和蔬菜生产基地等。

关于农村科普，有不同的表述，但内涵基本一致，主要指在农村范围内，以农村为依托，面向农村居民开展的科学普及工作的总称。农村科普过程一般呈现一定的组织性，常表现为某种形态的活动形式（活动可以是单纯以科学普及为目的，也可融于其他农村文化、娱乐和教育等形式）。更具体而言，农村科普是指：由农村专门组织机构和人员在农村内针对居民所开展的科普活动和其他的科普服务工作，利用各种传媒以浅显的、让居民易于理解、接受和参与的方式来传播科学知识、科学思想和科学方法，以及融化在其中的科学精神，通过有效的形式、渠道和手段，为居民理解、应用并参与其中，使得一定区域内的居民得到知识、能力乃至精神境界的提升，促进科学文化和创新文化的建设。

(2) 农村科普能力

关于农村科普能力。《关于加强国家科普能力建设的若干意见》中，“国家科普能力”表现为一个国家向公众提供科普产品和服务的综合实力。那么农村科普能力指的是，一个农村地区为农村居民提供科普产品和服务的综合实力，需要通过多个维度来体现，通常包括农村科普人员、经费、设施场所和活动等。

(3) 区域界定

根据北京市区域划分，北京分为16个市辖区，其中中心城区即主城区也叫城六区，包括东城区、西城区、朝阳区、丰台区、石景山区、海淀区。此次调研主要调查除城六区的另外10个郊区农村：通州区、顺义区、昌平区、大兴区、怀柔区、平谷区、密云区、延庆区、房山区、门头沟区。

9.1.2 首都农村科普机制与模式

(1) 科普+旅游

科普旅游是近年来一种新兴的旅游形式，对科普旅游的理论研究尚处于初始阶段，关于科普旅游的概念，不同学者从不同的角度会有不同的理解。例如：有学者指出，“科普旅游是通过旅游地深层次开发，突出其科学文化内涵，以满足人们探索大自然奥秘的好奇心，提高自然科学知识普及的生态旅游精品项目”。另有学者指出，“科普旅游指的是集科普教育和旅游为一体的旅游产品，其目的在于使游客在旅游的过程中受到教育，寓教于游，寓教于乐，是以旅游活动为载体，在旅游产品中增加科普教育含量，使游人在旅游过程中身心受到陶冶与熏陶，提高游人素质的一种新的旅游形式。

(2) 科普+产业

利用科普与农村产业相结合的形式，将农村产业当中的科普知识实现最大化的提升。利用农村独有的风情和特色，以农业为核心产业，建设多产业的综合规划、多业态的综合运营，打造一个包含农林牧渔、加工、制造等行业的三产融合体和城乡复合体。形成科普+产业的一体化模式，使得农民在进行产业活动的过程中，学习相关的专业科学知识，在进行了产业工作的同时，提高自身的科普素质水平，实现社会效益和经济效益的共同增长。

(3) 科普+基地

建立农业科普示范基地，搭建农民学习现代农业技术的平台，组织不同的村落进行农业培训，培养农村科普带头人，将科普与基地建设相结合，通过培养科普领导人才带动各自村落的科普积极性，让农民们在学习中逐渐提高自身的科技素质，增强依靠科学技术发展生产意识，培养一批各具特色的科普技术服务示范基地。

9.2 首都农村科普能力实证分析

9.2.1 经费数据分析

本章节数据根据北京市科委发布的《北京地区科普统计数据》进行整理收集，此经费数据为10个郊区农村数据集合统计（表9-1）。

表9-1 2008—2015年首都农村科普经费分析 单位：万元

年度	年度科普经费筹集额	年度科普经费使用额	其他支出
2008	11 475.80	12 138.30	1 275.70
2009	38 414.64	38 778.19	2 490.10
2010	37 496.39	36 709.75	2 798.82
2011	34 658.00	34 539.09	1 699.92
2012	39 923.88	40 711.02	2 245.23
2013	27 069.46	23 585.63	1 419.62
2014	23 611.08	24 707.37	1 596.20
2015	35 147.17	34 585.72	1 841.73

根据图9-1可以看出，除2008年北京农村经费投入较少以外，北京农村地区科普经费投入稳定在2亿元以上，但是从总体数据来看，北京市农村地区科普经费投入近几年处于逐步下降模式。由此可见，虽然北京农村科普管理机制高效运行，北京市科委充分发挥科普联席会议制度在规划、指导、协调等方面的重要作用，前期科普经费的大量投入虽然为北京农村科普打下了很好的基础，但是财政的后期输出力度还需要加强，需要更加注重科普经费方面的投入，为北京农村科普活动和科普创作打下坚实的基础。

9.2.2 人才数据分析

本节数据根据北京市科委发布的《北京地区科普统计数据》进行整理收集，此人才数据为10个郊区农村数据集合统计。2008—2015年北京农村地区拥有的科普专职人员数量分别是1 698人、1 429人、1 425人、1 159人、1 592人、2 400人、

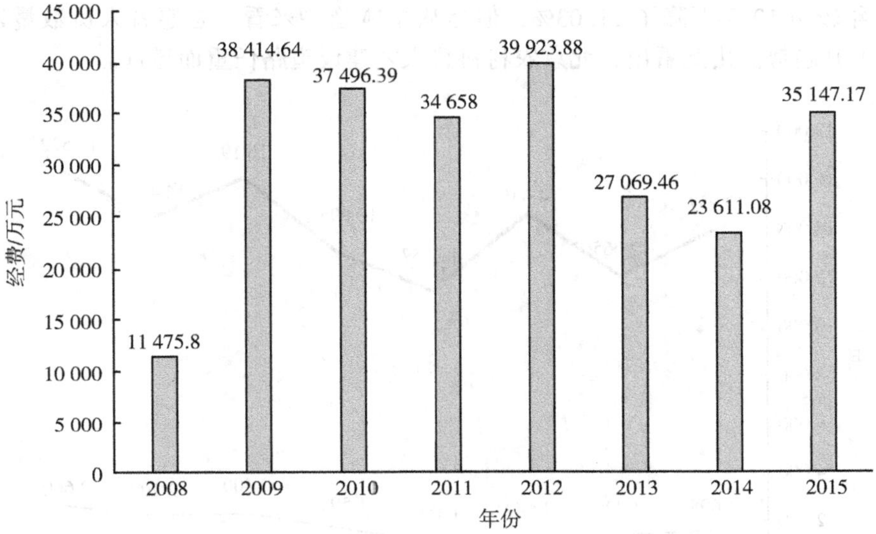

图 9-1　2008—2015 年首都农村科普经费分析

2 298人、2 660人；2008—2015 年注册科普志愿者数量分别是 13 957人、12 065人、14 635人、11 557人、13 095人、16 195人、14 462人、16 522人（表 9-2）。

表 9-2　2008—2015 年首都农村科普人才分析　　单位：人

年度	科普专职人员	科普兼职人员
2008	1 698	13 957
2009	1 429	12 065
2010	1 425	14 635
2011	1 159	11 557
2012	1 592	13 095
2013	2 400	16 195
2014	2 298	14 462
2015	2 660	16 522

根据图 9-2 可以看出北京农村科普专职人员一直处于 1 000人以上 3 000人以下，农村专职科普人员还是处于弱势，不过整体来看，科普专职人员数量处于上升趋势，2015 年较 2008 年增长了 56. 65%。农村科普志愿者人数近几年稳定

维持在11 000人以上。从图9-2来看，人员数量几年虽然起伏比较大，尤其是2011年较2010年下降了21.03%，但是从总体趋势来看，志愿者人员数量还是呈现上升趋势。由此看出，北京农村科普人才建设道路任重而道远。

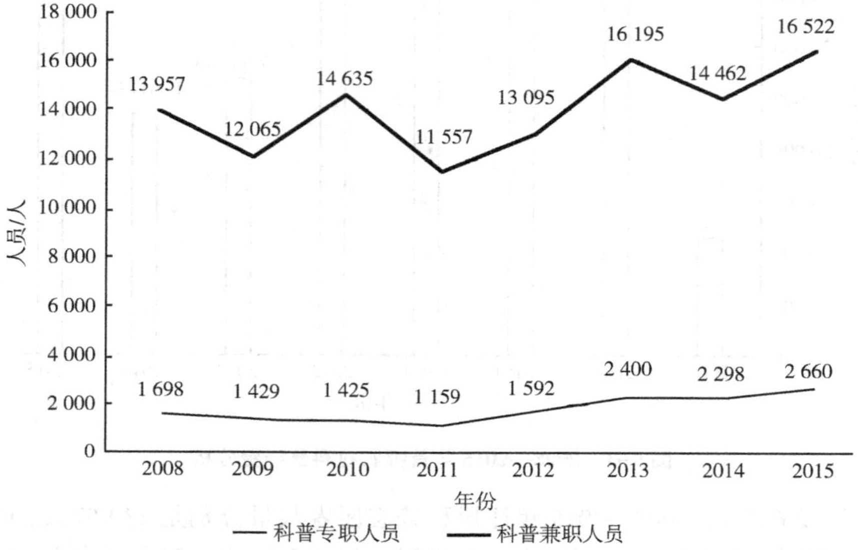

图9-2　2008—2015年首都农村科普人才分析

9.2.3　场馆建设数据分析

本节数据根据北京市科委发布的《北京地区科普统计数据》进行整理收集，此场馆数据为10个郊区农村数据集合统计。2008—2015年，北京农村地区拥有的科技馆数量分别是2个、3个、4个、7个、8个、12个、11个、14个；科技馆的建筑面积分别是6 964 m^2、14 964 m^2、15 890 m^2、21 031 m^2、20 181 m^2、40 511m^2、86 521m^2、32 201m^2（表9-3）。

表9-3　2008—2015年首都农村科技馆建设分析

年度	科技馆总数/个	科技馆建筑面积/m^2
2008	2	6 964
2009	3	14 964
2010	4	15 890
2011	7	21 031

（续表）

年度	科技馆总数/个	科技馆建筑面积/m²
2012	8	20 181
2013	12	40 511
2014	11	86 521
2015	14	32 201

根据表 9-3 可以看出，北京农村地区的科技馆总数从 2008 年至 2015 年有大幅度的增长，从原来只有 2 个科技馆到 14 个科技馆，可以说是一个质的飞跃；同时科技馆的建筑面积也大大提升。从图 9-3 可以看出，2008 年至 2014 年，科技馆的建筑面积成稳定增长状态，但 2015 年相比前一年，虽然科技馆数量有所增加，但科技馆的建筑面积下降了 62.78%。

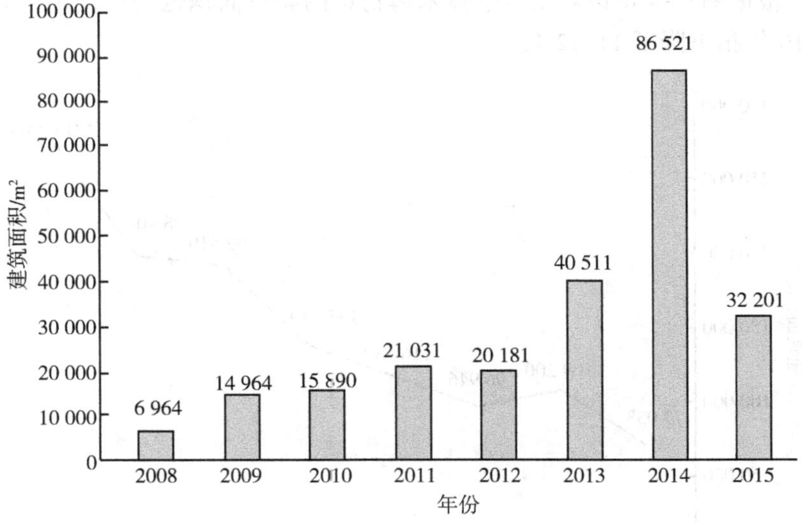

图 9-3　2008—2015 年首都农村科技馆建筑面积统计

本节数据根据北京市科委发布的《北京地区科普统计数据》进行整理收集，此场馆数据为 10 个郊区农村数据集合统计。2008—2015 年北京农村地区拥有的科学技术博物馆数量分别是 9 个、17 个、17 个、18 个、19 个、26 个、24 个、25 个；科技馆的建筑面积分别是 73 033m²、109 200m²、96 946m²、116 839m²、137 739m²、192 519m²、198 406m²、271 923m²（表 9-4）。

表 9-4　2008—2015 年首都农村科学技术博物馆建设分析

年度	科学技术博物馆数量/个	科学技术博物馆建筑面积/m²
2008	9	73 033
2009	17	109 200
2010	17	96 946
2011	18	116 839
2012	19	137 739
2013	26	192 519
2014	24	198 406
2015	25	271 923

根据表 9-4 可以看出，科学技术博物馆的数量从 2008 年至 2015 年有大幅度的增长，根据图 9-4 可以看出科学技术博物馆的建筑面积也是呈现出上升趋势，只有 2010 年稍下降了 11.22%。

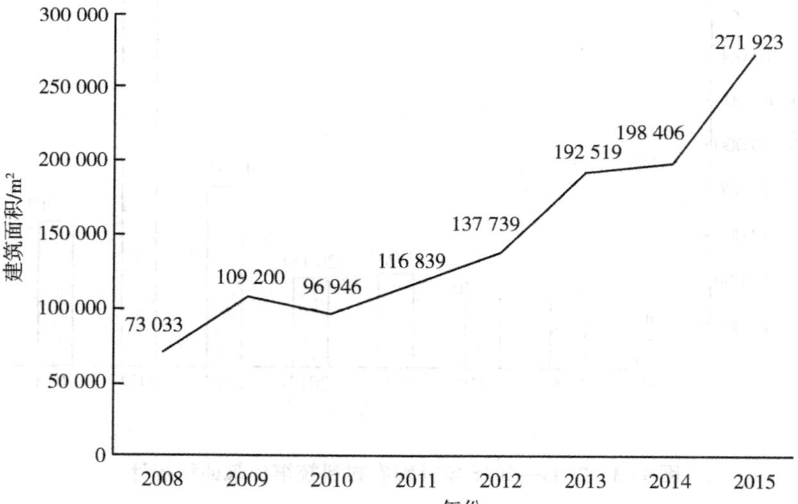

图 9-4　2008—2015 年首都农村科学技术博物馆建筑面积统计

从表 9-4 和图 9-4 分析来看，北京农村地区科普场馆建设逐年增加，场馆面积有所提升，近几年科技馆和博物馆等科普场馆依旧属于主流科普场所，也是开展专业科学教育和科普活动的重要场所，这促进了众多高端科技资源科普化，也是各场馆展现自身展教水平的窗口和平台。

9.2.4　宣传媒介数据分析

本报告数据根据北京市科委发布的《北京地区科普统计数据》进行整理收集，此宣传媒介数据为城十区数据集合统计。2008—2015 年北京农村地区出版的图书种类分别是 1 种、0 种、2 种、4 种、0 种、0 种、1 种、88 种；期刊出版种类分别是 2 种、4 种、5 种、6 种、5 种、1 种、1 种、9 种；科普（技）音像制品种类分别是 9 种、9 种、4 种、9 种、24 种、8 种、36 种、20 种（表 9-5）。

表 9-5　2008—2015 年首都农村宣传媒介种类分析　　单位：种

年度	图书出版种类	期刊出版种类	科普（技）音像制品种类
2008	1	2	9
2009	0	4	9
2010	2	5	4
2011	4	6	9
2012	0	5	24
2013	0	1	8
2014	1	1	36
2015	88	9	20

从表 9-5 中可以看出北京农村地区宣传媒介的种类在慢慢地丰富起来，但是总体来说，媒介种类不够丰富，过于单一。目前北京农村地区科普图书整体质量比较差，可读性差。而且科普图书选题重复，跟风抄袭现象严重，缺乏原创性和新颖性，创作理念、手法较为落后，过分强调科学知识的获取，忽视了科学方法、科学思想、科学精神的传播和引导。

根据图 9-5 可以看出，在 2011 年科普图书、期刊和光盘的发行量都达到了一个小高潮，但是接下来几年的成绩都不是很理想，可能跟互联网和手机发展进行了替代有关系，直到 2015 年，又达到了一个新的高度，但后期能否持续下去，还需要有待观察。现如今出版物市场总体销售低迷，科普类音像制品市场也随之萎缩，加之网络非法传播和盗版光盘的冲击，导致科普类音像出版物发行工作相当困难。

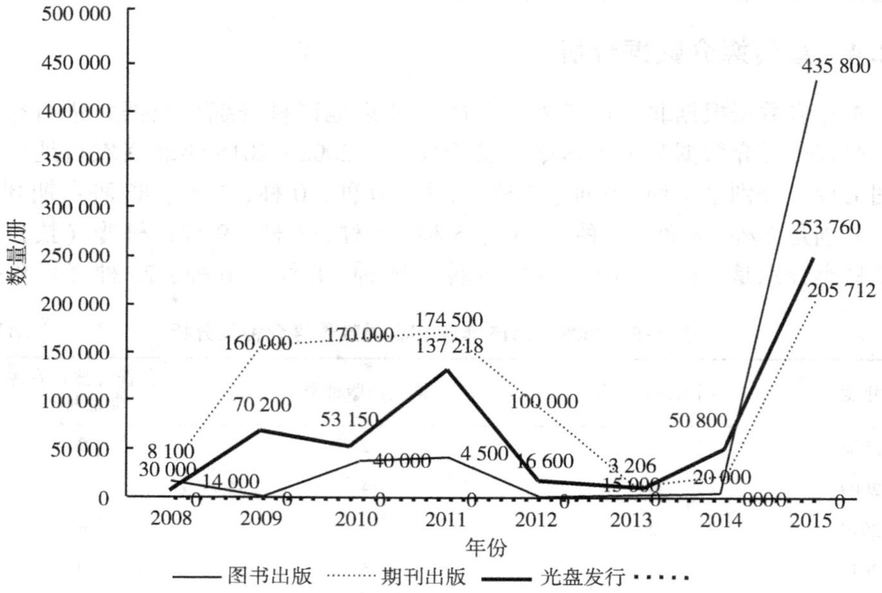

图 9-5　2008—2015 年首都农村科普宣传媒介分析

9.2.5　科普活动数据分析

本节数据根据北京市科委发布的《北京地区科普统计数据》进行整理收集，此科普互动数据为 10 个郊区农村数据集合统计。2009—2015 年北京农村地区科普活动周专题活动分别举办活动次数是 93 次、250 次、218 次、842 次、1 371 次、145 次、1 706次；科普活动周专题活动参加人数分别是 20 760人、136 298人、73 422人、389 607人、709 935人、326 855人、413 542人（表 9-6）。

表 9-6　2009—2015 年首都农村科普活动周分析

年度	科普活动周专题活动次数	科普活动周专题活动参加人数
2009	93	20 760
2010	250	136 298
2011	218	73 422
2012	842	389 607
2013	1 371	709 935

（续表）

年度	科普活动周专题活动次数	科普活动周专题活动参加人数
2014	145	326 855
2015	1 706	413 542

根据科普活动周的曲线图来看，科普活动周专题活动举办从2009—2015年，整体呈现上升趋势，同时随着举办的活动次数增多，参与人数也随之增加，可以看出北京市科委高度重视科普周活动（图9-6）。

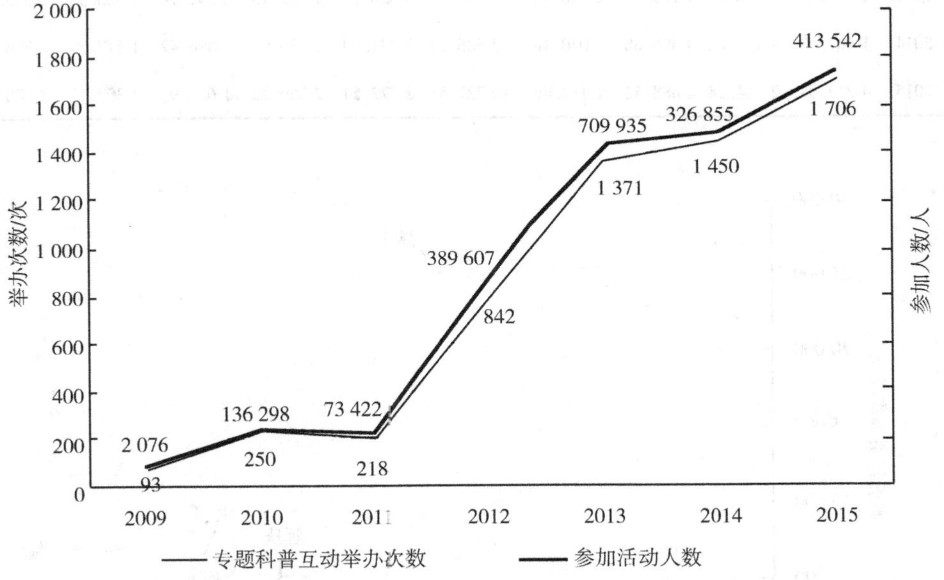

图9-6　2008—2015年首都农村科普互动活动分析

9.3　各区农村科普能力对比

9.3.1　经费数据分析

根据北京市科委发布的《北京地区科普统计数据》进行整理，2009—2015年，北京10个郊区农村科普经费如表9-7、图9-7所示。

表 9-7　2009—2015 年各区科普经费筹集额　　单位：万元

年度	年度科普经费筹集额									
	门头沟	房山	通州	顺义	昌平	大兴	怀柔	平谷	密云	延庆
2009	2 689.30	1 263.73	586.00	848.00	24 907.83	2 054.78	1 051.00	1 354.00	2 227.00	1 433.00
2010	831.60	981.45	544.47	1 420.53	25 757.60	1 986.88	987.62	2 291.21	1 095.94	1 599.09
2011	1 224.21	257.30	1 076.30	724.27	25 067.43	1 825.44	852.09	844.83	1 337.55	1 448.58
2012	1 010.77	1 905.28	1 820.86	780.51	25 373.58	2 548.68	1 763.92	1 574.54	1 500.13	1 645.61
2013	1 458.46	2 606.01	4 183.59	2 948.13	2 144.22	3 430.56	1 152.13	2 547.96	1 005.31	5 593.09
2014	1 407.43	1 767.66	3 496.68	1 070.18	2 506.17	7 324.90	1 376.91	496.42	1 377.79	2 786.94
2015	4 212.08	2 314.28	4 088.52	1 114.49	10 727.51	2 272.54	2 369.22	1 652.96	3 307.13	3 088.44

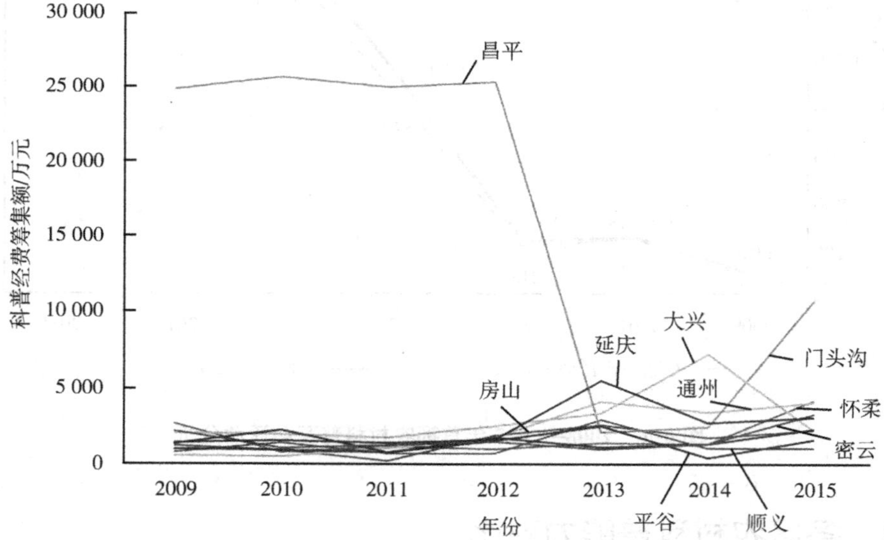

图 9-7　2008—2015 年首都农村科普经费筹集额

从图 9-7 中我们可以看出，除昌平区，其他几区年度科普经费投入额基本处于 5 000万元以下，昌平区在 2009 年至 2012 年期间科普经费投入力度大，但是在 2013 年和 2014 年科普经费投入下降幅度大，科普经费投入不稳定。

9.3.2　人才数据分析

根据北京市科委发布的《北京地区科普统计数据》进行整理，2009—2015年，北京10个郊区农村科普专职人员数量如表9-8、图9-8所示。

表9-8　2009—2015年首都农村科普专职人员数量统计　　单位：人

年度	各区科普专职人员数量									
	门头沟	房山	通州	顺义	昌平	大兴	怀柔	平谷	密云	延庆
2009	101	110	46	46	288	343	25	83	220	167
2010	98	94	47	173	170	267	41	95	293	147
2011	85	45	111	142	124	227	24	85	124	192
2012	75	373	171	98	115	246	44	144	160	166
2013	145	734	164	128	307	408	37	116	157	204
2014	99	169	97	72	205	717	154	409	151	225
2015	152	162	212	118	212	714	156	518	221	195

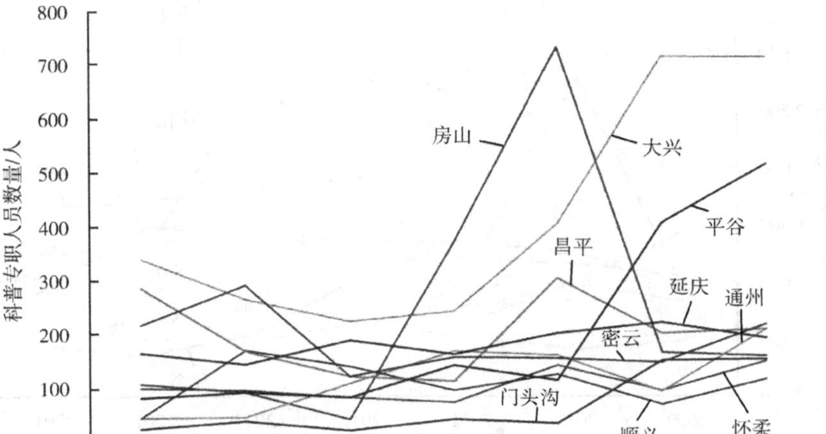

图9-8　2009—2015年首都农村科普专职人员数量统计

从图9-8中我们可以看出，除房山区，其他几区每年科普专职人员变化基本呈上升趋势，房山区科普专职人员数量在2013年达到顶峰，但是后期没能持续下去，各区科普专职人员数量多数每年维持在400人以下，这意味着各区的科普专职人员队伍还需要继续扩大，努力建设一支强有力的科普人才队伍。

根据北京市科委发布的《北京地区科普统计数据》进行整理，2009—2015年，北京10个郊区农村科普兼职人员数量如表9-9、图9-9所示。

表9-9　2009—2015年首都农村科普兼职人员数量统计　　单位：人

年度	各区科普兼职人员数量									
	门头沟	房山	通州	顺义	昌平	大兴	怀柔	平谷	密云	延庆
2009	487	1 458	924	924	2 223	2 223	919	834	1 012	1 061
2010	419	1 018	1 462	2 790	2 140	2 536	1 270	987	843	1 170
2011	519	657	826	1 136	1 371	2 873	1 361	792	806	1 216
2012	646	2 074	1 350	797	1 067	1 600	1 373	1 059	1 931	1 198
2013	495	2 785	1 183	3 102	1 586	1 743	1 439	550	1 818	1 494
2014	890	1 270	900	2 974	1 477	2 035	1 483	365	1 731	1 337
2015	666	1 335	918	3 138	2 703	3 503	906	456	1 645	1 252

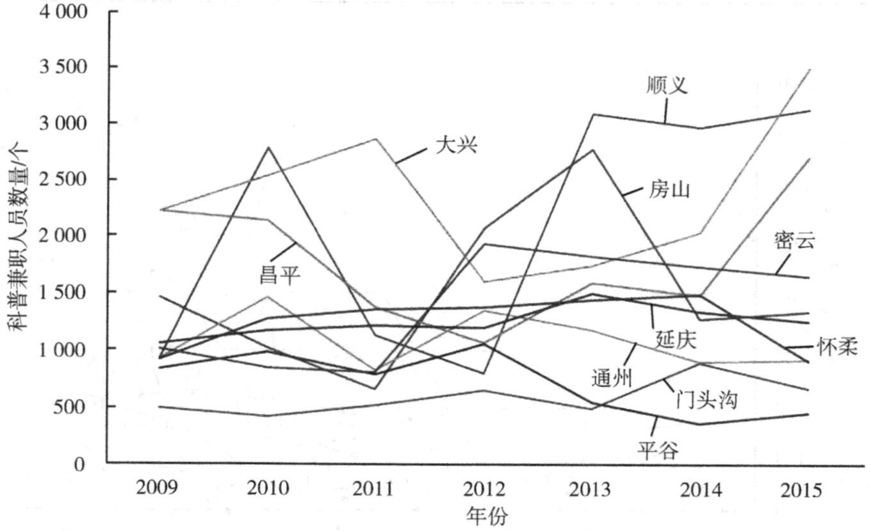

图9-9　2009—2015年首都农村科普兼职人员数量统计

从图9-9中我们可以看出，顺义区、房山区、大兴区、昌平区、密云区每年的科普兼职人员数量变化较大，平谷区、通州区、怀柔区每年科普兼职人员数量整体呈现缓慢下降的模式，这说明了各区对科普方面宣传力度需要加强，鼓励更多志愿者投身科普行业，发展科普产业。

9.3.3　场馆数据建设分析

根据北京市科委发布的《北京地区科普统计数据》进行整理，2009—2015年，北京10个郊区农村科技馆建设数量如表9-10、图9-10所示。

表9-10　2009—2015年首都农村科技馆建设数量统计　　单位：个

年度	各区科技馆建设数量									
	门头沟	房山	通州	顺义	昌平	大兴	怀柔	平谷	密云	延庆
2009	1	0	1	0	0	1	0	0	0	0
2010	1	0	1	0	0	2	0	0	0	0
2011	1	0	2	1	0	1	0	0	1	1
2012	1	0	2	0	2	1	0	0	1	1
2013	1	2	1	0	2	4	0	0	1	1
2014	1	0	1	0	2	2	2	1	1	1
2015	2	1	2	1	3	0	1	2	1	1

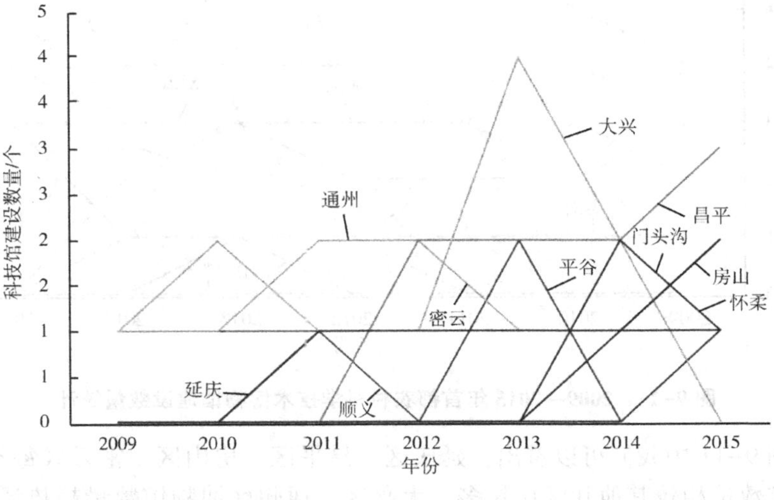

图9-10　2009—2015年首都农村科技馆建设数量统计

从图9-10中我们可以看出，各区每年科技馆建设数量不稳定，波动起伏过大，各区需要加强科技馆建设，保持固定每年科技馆的基本数量。

根据北京市科委发布的《北京地区科普统计数据》进行整理，2009—2015年，北京10个郊区农村科学技术博物馆建设数量如表9-11、图9-11所示。

表 9-11　2009—2015 年首都农村科学技术博物馆建设数量统计　　单位：个

年度	各区科学技术博物馆建设数量									
	门头沟	房山	通州	顺义	昌平	大兴	怀柔	平谷	密云	延庆
2009	1	3	0	0	3	2	0	0	4	4
2010	1	2	0	0	4	3	0	0	2	5
2011	1	3	1	0	3	2	0	0	2	6
2012	1	3	1	0	4	1	1	0	2	6
2013	1	3	3	0	4	3	1	1	3	7
2014	1	3	2	0	4	3	1	0	3	7
2015	0	3	0	0	3	5	3	0	4	7

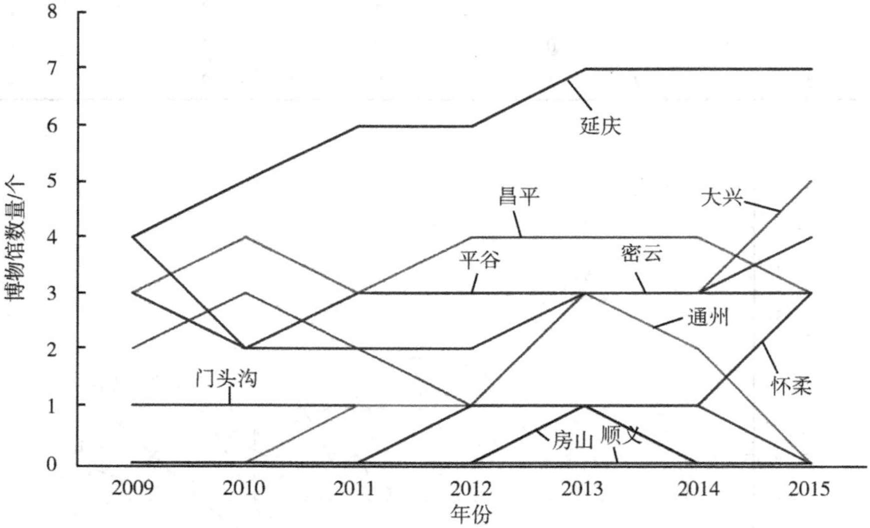

图 9-11　2009—2015 年首都农村科学技术博物馆建设数量统计

从图 9-11 中我们可以看出，延庆区、昌平区、房山区、密云区每年科学技术博物馆数量相较其他几区比较多，大兴区、通州区博物馆数量趋势浮动较大，顺义区近几年都没有科学技术博物馆，在这一方面还需要加强投入重视起来。

9.3.4　宣传媒介数据分析

从图 9-12 至图 9-14 可以看出，近几年农村科普创作作品不多，作品发行数量偏低且不稳定，同时各报纸、期刊、光盘种类单一，宣传媒介不够多元化，需要与时俱进，找到新的适合当代社会的科普宣传方式，提高科普宣传质量和效率。

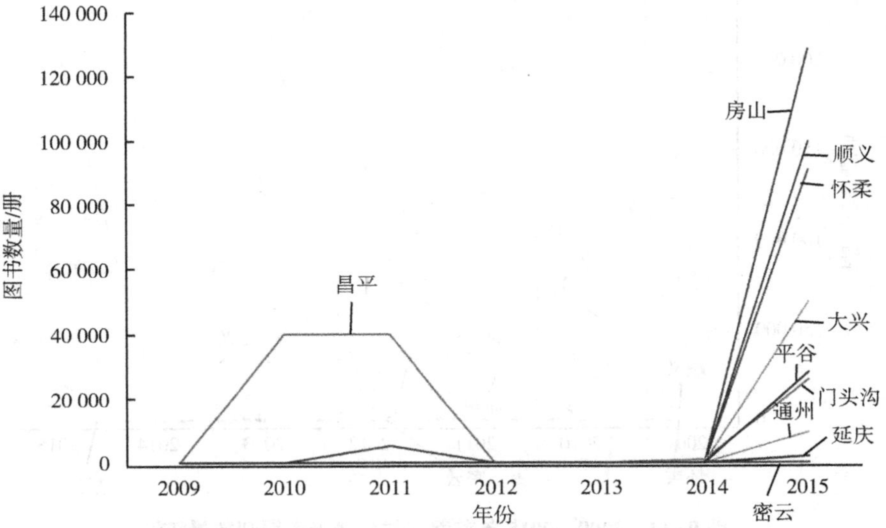

图 9-12　2009—2015 年首都农村科普图书出版数量统计

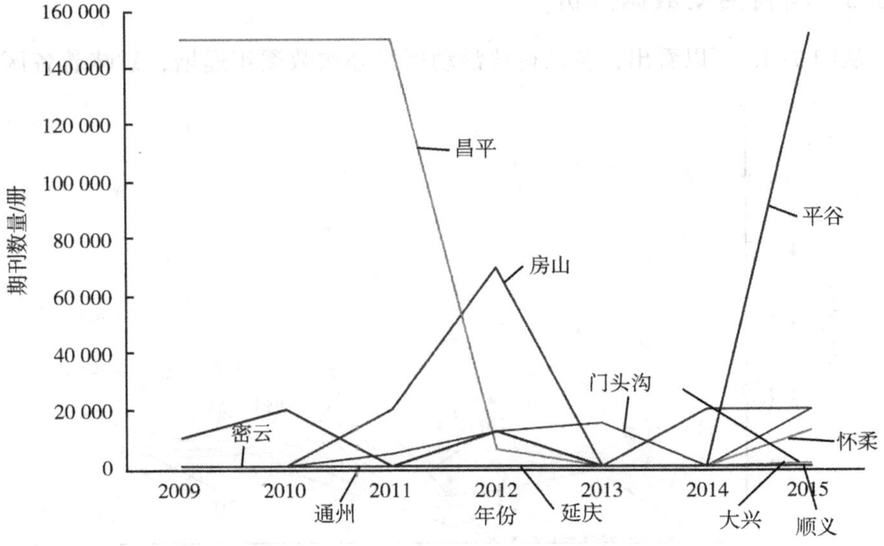

图 9-13　2009—2015 年首都农村科普期刊数量统计

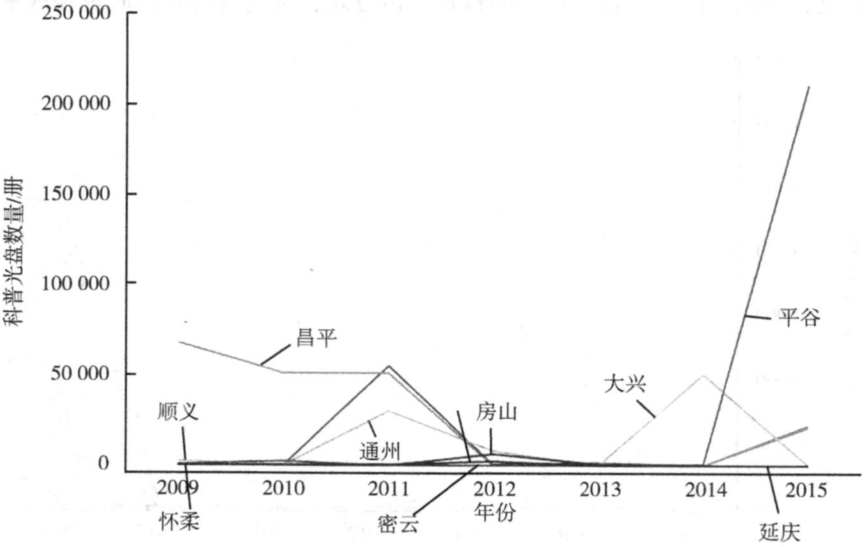

图 9-14　2009—2015 年首都农村科普光盘期刊数量统计

9.3.5　科普活动数据分析

从图 9-15 可以看出，各区科普活动周举办次数逐年递增，意味着各区对科

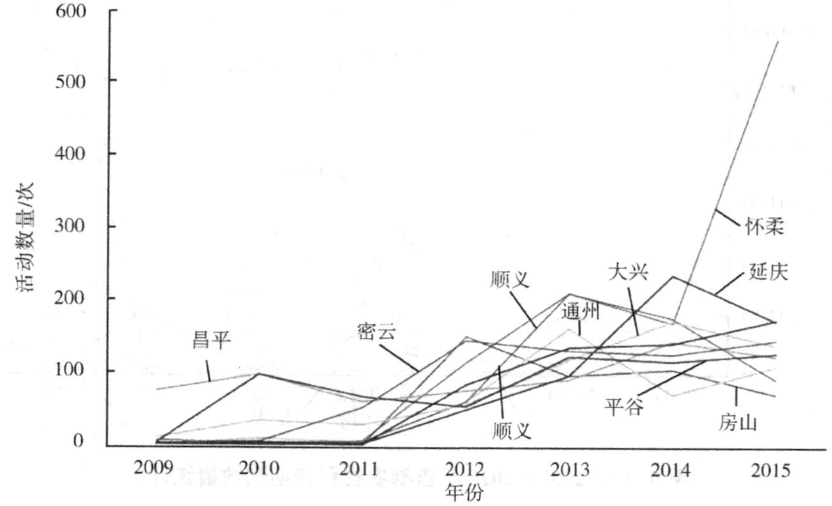

图 9-15　2009—2015 年首都农村科普活动周专题活动数量统计

普活动周的重视，举办好的科技专题活动可以大大提升人们对科技的重视，提高居民的科学认知，增进自身的科学素养。

9.4 面临的问题和建议

9.4.1 面临的问题

(1) 科普经费投入不足，科普工作所需要的必要物质基础无法保障

经费对于科普工作是必要的物质基础，各区年投入的科普经费决定了这一年各区的科普工作建设，如科普作品、场馆建设、人才培训等。只有科普经费到位，各区科普工作才能进行开展，否则缺少了最基础的一环，也会影响接下来的工作进度。

(2) 科普人员流失，农民科学意识淡薄

农村科普工作是一项社会系统工程，需要全社会的参与和支持，科普队伍是农村科普工作的主力军。根据上述图表数据来看，农村科普队伍从人数相对量来看，显得十分薄弱，主力军队伍力量薄弱，也影响着农村科普工作的开展与推广。

(3) 农村劳动者思想保守，观念落后，一定限度制约农村科普推广

做好农村科普工作不仅要改变农村的硬件设施，更重要的是要改变农村的人文环境。目前虽然科普工作进行相对顺利，但是仍有个别村落存在封建迷信等愚昧现象，部分农民凭经验做事，抱着一些陈规陋习不放手。农村科普推广队伍工作进行困难，很大程度上制约了农村科普的推广和发展。

9.4.2 针对农村科普工作提出的建议

(1) 加大农村科普经费投入力度

加强农村科普资金的投入，合理分配资金的使用，最大效率化的使用科普经费，积极完善科普体系，使农村科普作品更加多样化，农村科普形式更加多元化，更好地实现农村科普教育，进一步形成农村科普教育体系。只有经费到位，科普工作才能更好地发展进行下去。

(2) 加强科普人才队伍建设，进一步完善科普体系

在各级党委政府的统筹下梳理大农村人才管理，无论体制内的政府工作人员还是体制外人员，都要纳入农村科普人才的培育当中。摸清农村人才的培训需求，精确培训对象，分层次、分批次、分领域、分方向开展培训，实现培养平台

多元化、多样化，打造一支强有力的科普人才队伍。科普人员在农村要起到带头的引领作用，积极传播科学知识，加强农民科学意识，提高农民自身科学素质，培养农民的自主学习能力，加快促进乡村建设，为推进美丽乡村建设作出强有力的人才建设。

（3）丰富活动载体，广泛开展农村科普活动

随着农村经济社会的发展，广大农民对科学技术普及的需求日益高涨，呈现多元化的趋势，农民十分渴望依靠新型科技发家致富，提高生活质量，拓展生活空间，对提高自身的科学文化素养的需求日愈强烈，在农村科普工作中，以全国科普日、科普活动周为契机，围绕“三农”，以现场培训、科普展出、科技三下乡、农村科普长廊等形式开展区域性、综合性的科普活动，不断丰富农民的科普活动，广泛开展农村科普工作。

（4）农村科普传播网络和服务体系需要提升

在“互联网+”的时代、人手一部手机的时代、碎片化阅读的时代，农村科普方式也需要与时俱进，提高科普工作的有效性和精确性。依托传统媒体开展的农村科普工作，应突出内容和表达方式的创新之处，多出版精品读物、制作精品电视片、打造精品科普文章；依托新媒体开展科普工作，应抓住投放渠道和作品形式，以多元化、新颖化打造科普平台，贯通传统媒体与新媒体，实现“双管齐下”的高效率。同时加强服务人才质量，搭建高水平的服务平台，实现传播平台与服务体系平台双提升。

参考文献

陈套，罗晓乐，2015. 我国区域科普能力测度及其与科技竞争力匹配度研究［J］. 科普研究，10（5）：31-37.

陈昭锋，2007. 我国区域科普能力建设的趋势［J］. 科技与经济（2）：53-56.

崔春生，等，2018. 科普供给侧改革灰色预测与关联度分析：以北京为例［J］. 数学的实践与认识，48（17）：60-70.

高畅，邓爱华，李恩极，2018. 北京科普工作服务于全国科技创新中心建设的路径探索［R］//北京科普发展报告：2017—2018. 北京：社会科学文献出版社：88-101.

高淑环，2018. 推进北京市科普产业创新工程的建议［J］. 科协论坛（2）：15-16.

何丽，2015. 企业科普能力指标体系构建［J］. 科研管理，36（S1）：465-469.

何丽，2016. 地区企业科普能力指标体系构建和评价实证研究［J］. 科研管理，37（S1）：690-695.

侯蓉英，2017. 科普能力评估与科技传播政策之间的关系研究［C］. 第二十四届全国科普理论研讨会暨第九届馆校结合科学教育论坛，5.

胡慧馨，2018. 北京支撑全国科技创新中心建设的配套政策综述［R］//北京科普发展报告：2017—2018. 北京：社会科学文献出版社：70-87.

孔德意，2018. 我国科普政策主体及其网络特性研究：基于 511 项国家层面科普政策文本的分析［J］. 科普研究，13（1）：5-14，55，104.

李朝晖，任福君，2011. 我国科普基础设施建设存在的问题与思考［J］. 科普研究，6（2）：17-21.

李达，李群，2018. 北京科普产品和科普服务供给研究［R］//北京科普发展报告：2017—2018. 北京：社会科学文献出版社：164-180.

李建坤，刘广斌，刘璐，2015. 科普投入产出相关文献研究综述［J］. 科普研究，10（3）：82-89.

李健民，刘小玲，2009. 科普能力建设：理论思考与上海实践［J］. 科普研究，4（6）：35-41.

李倩，2018. 科普服务能力提高区域创新能力了吗？基于省级面板数据的实证研究［J］. 科普研究，13（4）：35-41，106.

李婷，2011. 地区科普能力指标体系的构建及评价研究［J］. 中国科技论坛（7）：12-17.

刘亚丽，等，2012. 网络时代科普能力建设转变及政府作用［C］. 北京：第十九届全国科普理论研讨会暨 2012 亚太地区科技传播国际论坛，8.

马宗文，陈雄，2018. 北京科普人员现状分析与评估［R］//北京科普发展报告：2017—2018. 北京：社会科学文献出版社：152-163.

马宗文，陈雄，董全超，2018. 科普投入对中国科普能力的驱动研究［J］. 中国科技论坛（7）：18-25.

莫扬，荆玉静，刘佳，2011. 科技人才科普能力建设机制研究：基于中科院科研院所的调查分析［J］. 科学学研究，29（3）：359-365.

牛桂芹，2017. 农村科技传播研究综述［J］. 科普研究，12（6）：40-50，107.

牛桂芹，金兼斌，陈安繁，2018. 北京市新媒体科普能力研究［R］//北京科普发展报告：2017—2018. 北京：社会科学文献出版社：372-427.

潘文，陈飞，2014. 浅论我国科普产业的现状与发展［J］. 科学咨询（科技·管理）（1）：11-12.

齐培潇，郑念，2018. 我国科普能力发展的影响因素分析［J］. 科协论坛（6）：4-8.

任嵘嵘，郑念，赵萌，2013. 我国地区科普能力评价：基于熵权法-GEM［J］. 技术经济，32（2）：59-64.

孙萍，孔德意，许阳，2014. 我国科普政策的嬗变与发展：基于 1993 年—2012 年 109 项科普政策文本的实证分析［J］. 中国社会科学院研究生院学报（3）：120-125.

唐蕊，2016. 重庆市科普能力建设的探索与思考［J］. 科学咨询（科技·管理）（5）：4.

佟贺丰，刘润生，张泽玉，2008. 地区科普力度评价指标体系构建与分析［J］. 中国软科学（12）：54-60.

王刚，郑念，2017. 科普能力评价的现状和思考［J］. 科普研究，12（1）：27-33，107-108.

王晶莹，张宇，2017. 北京市中学生科普教育的调查研究［J］. 首都师范大学学报（自然科学版），38（1）：17-24.

王康友，郑念，王丽慧，2018. 我国科普产业发展现状研究［J］. 科普研究，13（3）：5-11，105.

王利，李娜，赵梓辰，2016. 天津市科普基地绩效评估体系：评估标准与指标体系设计［J］. 中国科技信息（7）：90-91.

王荔，2018. 北京奥运博物馆科普理念探析［J］. 科协论坛（4）：18-23.

王翔，2016. 浅谈国家科普能力建设［J］. 科协论坛（1）：26-29.

吴华刚，2014. 我国省域科普资源建设水平指标体系的构建及评价研究［J］. 科技管理研究，34（18）：66-69.

杨琛，2016. 网络时代的思想政治教育应唱好“三部曲”［J］. 政工导刊（10）：41-42.

杨传喜，侯晨阳，2016. 科普资源配置效率评价与分析［J］. 科普研究，11（1）：41-48，97-98.

于洁，佟贺丰，黄东流，等，2018. 基于三阶段 DEA 的我国区域科普投入产出效率研究［J］. 科技管理研究，38（6）：40-47.

臧翰芬，2018. 北京大科普事业发展及国际化建设情况报告［R］//北京科普发展报告：2017—2018. 北京：社会科学文献出版社：102-115.

张绘，2019. 我国科普投入产出效率分析与政策调整：基于 DEA-Tobit 理论模型的判断［J］. 财会月刊（2）：157-163.

张慧君，郑念，2014. 区域科普能力评价指标体系构建与分析［J］. 科技和产业，14（2）：126-131.

张立军，张潇，陈菲菲，2015. 基于分形模型的区域科普能力评价与分析［J］. 科技管理研究，35（2）：44-48.

张良强，潘晓君，2010. 科普资源共建共享的绩效评价指标体系研究［J］. 自然辩证法研究，26（10）：86-94.

张庆文，祖宏迪，2018. 北京市科普专项工作发展及管理情况浅析［R］// 北京科普发展报告：2017—2018. 北京：社会科学文献出版社.

赵兰兰，2018. 城镇社区居民科普需求及满意度调研：以北京市为例［J］. 科普研究，13（5）：40-49，108.

郑念，王明，2018. 新时代国家科普能力建设的现实语境与未来走向［J］.

中国科学院院刊，33（7）：673-679.
中华人民共和国科学技术部，2016. 中国科普统计：2016 年版［M］. 北京：科学技术文献出版社.
中华人民共和国科学技术部，2017. 中国科普统计：2017 年版［M］. 北京：科学技术文献出版社.
朱世龙，伍建民，2016. 新形势下北京科普工作发展对策研究［J］. 科普研究，11（4）：75-78，97-98.
卓丽洪，李群，王宾，等，2016. 中国地区科普驱动力指标体系构建与评价［J］. 中国科技论坛（8）：95-101.
祖宏迪，赵志明，2018. 浅议北京市科普基地展示能力的提升［J］. 城市与减灾（2）：41-45.